教育部中央高校基本科研业务费青年教师科研创新基金资助（N141103001）

英国建筑技术美学谱系

The Genealogy of Technological Aesthetics on British Architecture

程世卓　著
By Cheng Shizhuo

中国建筑工业出版社

图书在版编目(CIP)数据

英国建筑技术美学谱系 / 程世卓著. — 北京：中国建筑工业出版社，2017.1
ISBN 978-7-112-20148-8

Ⅰ．①英… Ⅱ．①程… Ⅲ．①建筑美学-研究-英国
Ⅳ．①TU-80

中国版本图书馆CIP数据核字（2016）第299946号

责任编辑：李　鸽　毋婷娴
责任校对：李欣慰　李美娜

英国建筑技术美学谱系
The Genealogy of Technological Aesthetics on British Architecture

程世卓　著

*

中国建筑工业出版社出版、发行（北京海淀三里河路9号）

各地新华书店、建筑书店经销

北京方舟正佳图文设计有限公司制版

北京建筑工业印刷厂印刷

*

开本：787×1092毫米　1/16　印张：$13\frac{1}{4}$　插页：1　字数：244千字

2017年10月第一版　2017年10月第一次印刷

定价：69.00元

ISBN 978-7-112-20148-8
　　　　（29631）

版权所有　翻印必究

如有印装质量问题，可寄本社退换

（邮政编码 100037）

谨以此书献给我挚爱的家人和师友们！

序

　　这本《英国建筑技术美学谱系》是东北大学建筑学院程世卓老师在博士论文基础上的研究成果，现在能够由中国建筑工业出版社正式出版，成为近年来少见的研究西方建筑美学的力作，作为导师，我由衷地为她感到高兴。

　　诺曼·福斯特曾说过："现在是技术主导的时代，建筑师只要把技术搞好了，美就来了。"福斯特所强调的美，就是技术美学在当代西方建筑中的确切表达。美就来了，那么这个美是什么、它是如何产生与发展的、又有一个什么样的传承关系？这一系列的问题正是该书的核心内容。

　　英国是工业革命的发祥地，由此而产生的现代技术正是崇尚功能、理性、实效的建筑技术美学的重要基础。程世卓博士历经数载致力于英国建筑技术美学的研究，在赴英国近距离考证基础上，梳理了该美学自 18 世纪的精神源起、工业革命的早期生发、20 世纪初的日臻成熟、世界大战后的扩散流变直至今天的生态化转向，为英国建筑技术美学发展建立了有机的系统脉络，展现了蕴含在其中的现代建筑思想发展的历程。并通过谱系学方法与点线结合的史论分析方式，为现代建筑历史上的关键节点建立了详实的历史关联，清晰显示了各节点之间，如普金、拉斯金与 High-Tech；巴特菲尔德、史密森夫妇与罗杰斯；富勒与福斯特等之间的美学思想、美学特征、美学手法的延续与变革，使一部看似纷繁、杂冗、枯燥的英国建筑技术美学演进史，有血有肉、生动详实地呈现在读者面前。

　　在上述研究的基础上她又创见性地提出：英国的建筑技术美学是现代建筑技术美学的主要"根源"，它历时二百年，支脉众广；20 世纪 70 年代以英国为大本营的 High-Tech 建筑风潮不是对现代主义建筑的修补或革新，而是秉承了本国探索精神和技术传统，是对百余年来英国建筑技术美学传统的复兴，二者"同源"；时代文化与民族传统是英国建筑技术美学谱系发展的驱动双轮，它们的交织使该美学谱系特色鲜明、一脉相承。

现代建筑历史理论研究是一个尚处于进程中的课题，本书是现代建筑历史领域中技术美学研究的重要成果。但是，有关我国现代建筑理论、建筑美学方面的研究仍任重道远。希望作者能够继续致力于该领域的研究工作，以此为始，坚持不懈，取得更为丰硕的成果。

哈尔滨工业大学建筑学院

目 录

结语

导 言

英国，这个位于亚欧大陆西部终端，面积仅 24 万平方公里的岛国，是我们现代历史不可忽视的国家。它不仅率先拉开了工业革命的大幕，而且率领人类社会驶入了现代文明的轨道，创造了一个又一个开创性、革命性的成就。现代经济制度、现代法律体系、现代医疗、现代体育、现代音乐……几乎所有关乎"现代"的一切都在这个岛国上生长，影响着世界。同样，英国这个曾经在建筑艺术方面跟从欧洲大陆一千余年的艺术边缘国，也在 18 ~ 19 世纪，因借社会的现代转型一跃成为建筑艺术的输出国，生发了"现代建筑"的雏形，并随之带来现代建筑的代表美学类型——崇尚功能、理性、实效的技术美学。

建筑技术美学原生于英国，随着文化交流与传播，于 20 世纪派生到欧美大陆乃至亚洲，枝脉繁多、开花结果，对他国现代建筑的产生起到了不同程度甚至是至关重要的启发和影响，成为轰轰烈烈席卷世界的现代主义建筑的主要源头。在短暂的休歇之后，20 世纪 70 年代以英国为大本营的 High-Tech 建筑风潮兴起，英国的建筑技术美学复兴，重新展现在人们的视野。它秉承本国已有的探索精神和技术传统，将建筑技术的艺术表现力、审美效力发展到了极致，对世界范围内的建筑美学产生了不可小觑的影响，成为二战后西方建筑界主要的美学取向之一。而今天随着全球生态问题的恶化，英国再一次通过所擅长的技术创新能力和探索能力解决建筑领域的生态问题，扬起了技术美学与生态环境共存的大旗，使建筑技术美学从 High-Tech 的极端技术美过渡到了生态化的共生技术美。

纵观英国建筑技术美学的发展过程，不难发现这是一个既一脉相承又错综复杂的演进脉络，呈现明确的谱系特征。

一方面，英国建筑技术美学的演进是一个带有鲜明英国国别特征的美学发展过程。虽然经历不同的时代，但始终保持着相对稳定的基因和血脉。这使得该美学脉络虽经历二百余年风雨，仍然一脉相承，如同家族代代相传，繁衍生息，血统清晰，呈现独特的、鲜明的谱系特征。

另一方面，英国建筑技术美学的演进是一个错综复杂的、支脉丰富的动态发展过程。它总是与周遭的事物不断地接触、摩擦、交融，进而派生出新的建筑流派或美学果实。这既包括英国建筑技术美学对时代和社会需求的呼应、对技术进步的敏感反应所做出的自我调整，更包括英国与欧美邻国乃至亚洲国家之间进行的美学思潮输出与纳入，进而分化、裂变出新的建筑思潮或流派。

英国建筑技术美学的演进过程，犹如一个庞大家族的演变过程。它与其他家族联姻、过继、接纳，进而繁衍子嗣、支脉复杂而繁多。某些支脉发展壮大，影响深远，某些支脉则脱离主脉，另成体系，而某些支脉则在历史的潮流中悄无声息的湮没，乃至断裂，具有典型的家族式的谱系特征。

而英国建筑技术美学的谱系演进过程，亦是建筑技术美学迎合时代变迁动态发展的过程。英国建筑技术美学的生发、演进过程二百余年，在这期间内，经历了工业时代、高科技时代（或称数字时代）以及今天刚刚到来的生态时代。在不同时代类型的更迭中，英国的建筑技术美学也随之调整自己的姿态，以迎合每一个时代需求，并且取得了令建筑界瞩目的成就。在这个过程中，英国传统文化中固有的特质，完整、恰当地渗透在不同时代的技术美学之中，故而使之虽然经历历史风雨和时代变迁却也依然特色鲜明、一脉相承。

对于建筑传统与时代特色之间健康动态关系的建立，是我国建筑界一定时期以来一直寻求的问题。本书希望能以英国建筑技术美学发展的谱系研究为契机，在直观、清晰地展示英国建筑技术美学及其辐射枝脉动态演进过程的同时，为我国的建筑学界带来一些有益借鉴和思考。

第 1 章　谱系的源起：
实用理性的原生式开启

英国，率先敲开了人类通往现代世界的大门，以领航者的姿态带领人类社会步入现代。在建筑领域，英国同样作为开路先锋，引领建筑界渐入现代轨道，奠定了现代建筑体系的基本结构，滋养了与现代建筑相适应的技术美学，最终影响了世界。

这个在北海海浪中颠簸漂浮的岛国——英国，为何会超过长期统治建筑与艺术领域的欧洲大陆文明古国，成为现代建筑的开路人？如何能叛离建筑历史上的古典美学，创造了革命性的现代建筑美学——技术美学？答案应该到英国的历史发展长河中去寻找。

现代的建筑技术美学在英国出现，似乎是水到渠成、自然而然的。因为它沿着历史的长河缓缓而来，并没有被切断、被阻隔之感，体现为传统与变革的和谐交织。然而，当我们深入到历史情境当中，会发现缓缓的长河并不平静，在看似风平浪静的表象之下，酝酿着滚动的激流：经验主义哲学的渗透与欧洲大陆先验论哲学的冲突；工业革命带来的社会全方位变革；英国民族意识增强所产生的文化觉醒；社会主导阶层的变化改变着社会价值标准，也改变着艺术取向。

这些滚动的激流构成了英国建筑技术美学的源头，它们有的最早生发于15、16 世纪，经由漫长的历史打磨，在 18 ～ 19 世纪初期这段时间内逐渐显示出变革的力量，共同召唤着现代建筑的到来，共同孕育着一个新的美学类型——技术美学。

1.1 经验主义哲学的理性基因

一个民族挣脱传统的束缚，开创新的境遇，最深刻的变革不是政治和经济，而是思维方式。英国正是率先具备了与现代社会相适应的科学思维方式，才成就了它的一系列伟大成就，这便是"理性思维"。

理性思维作为英国民族的灵魂，稳定地存在于它的文化基因当中，表现出对经验的极度重视和尊崇。"对事实进行实事求是的科学观察与分析，是英国人据以行事的依据，也是这个民族自己极为珍视、几乎带着一种宗教似的虔诚心情来看待的精神财富。"[1] 而这份精神财富的结晶便是英国的经验主义哲学（Empiricism），也正是它为英国的建筑技术美学植入了理性的基因，纵使时间变化，依然稳定存在、代代相传，成为英国建筑技术美学谱系具有旺盛生命力的根源所在。

1.1.1 弗朗西斯·培根的奠基

英国经验主义哲学一直是英国理性思想发展的主流，其先驱便是弗兰西斯·培根（Francis Bacon）[2]（图1-1）。培根作为经验主义哲学乃至英国理性精神的奠基人，强调实践，厌恶空谈，认为知识就是力量，引领英国思想界、科学界乃至全社会从宗教的束缚中走了出来，走向了科学的、理性的现代彼岸。[3] 而英国建筑技术美学的思想源头也在这一思潮中孕育，为后续的发展演变奠定了根基。

17世纪初，由于英国教会统治的日渐松动，社会和自然科学的加速进展，英国社会产生了一个迫切需要解决的问题：信仰与理性之间，谁的地位更高？当两者不可避免地发生冲突时，理性和信仰谁来充当最后的仲裁？正当英国思想界为此犹豫、争论之时，培根提出了自己革命性的见解：知识就是力量，知识来自人类自身的实践经历。

培根指出："人类获得力量的途径和获得知识的途径是密切联系的，二者之间几乎没有差别；不过由于人们养成了一种有害的积习，惯于做抽象的思维，比较万全的办法还是从头开始，阐明各门科学是怎样从种种和实践有关的基础上发展起来，其积极作用又怎样像印戳一样，在相应的思辨上留下印记并决定这种思维的。"[4] 在培根的逻辑中，人类的力量来源于知识，而知识又来源于实践和经验，因此，对于实践经验的重视成为培根思想的一个

1 钱承旦，陈晓律．在传统与变革之间——英国文化模式溯源 [M]．南京：江苏人民出版社，2010：231．

2 余丽嫦．培根及其哲学 [M]．北京：人民出版社，1987：300．

3 虽然培根思想的作用和影响受到哲学界和科学史界的较为普遍认可，但仍然存在一些争论。如，Margery Purer 在 The Royal Society: Concept and Creation（London: Routledge, 1967）一书中强调培根对17世纪科学起了根本作用。而 Michael Hunter 在 Science and Society in Restoration England（Cambridge: Cambridge University Press, 1981）一书中则对培根影响力的评价比较谨慎，认为培根对17世纪科学发展的影响最多"只是系统地陈述了一种已有的方法"P15。本书对培根思想的影响力参考了学术界的普遍思想，同时在英国建筑技术美学的发展上，承认培根强调实用、经验、可信知识对技术美学启蒙具有不可忽略的作用。

4 [英]培根 F. 新工具 [M]．北京：商务印书馆，1980：111．

图 1-1　弗兰西斯·培根　　　　图 1-2　《科学的类型》

核心内涵。

　　同时培根还指出，以往形而上学的知识方法误解了知识的本性。当知识专注于物质现实时，它具有进步的能力，因此，知识是不断积累和不断进步的，而不是永恒不变的："基于自然之物会生长和增加，而基于观念之物只会变化而不会增长。"[1] 培根将矛头直接指向了传统的思想体系，明确指出"物质现实"是知识应当关注的关键，而非观念[2]（图 1-2）。

　　我们可以对培根的思想进行简要的归纳：实践经验是知识乃至人类力量的源泉，而知识是在关注物质现实的过程中不断进步的。有价值的知识凝练——科学，最终的目的就是要为人类提供确切的益处。这是一套典型的经验论思想体系，它与传统的哲学思想乃至当时德国盛行的理性主义存在着根本的不同。正如马考莱所说："培根自己的目标便是'果实'，理论的关键就是'功用'和'进步'两个字。"[3] 而培根所倡导的经验主义哲学重经验，贬先验；重归纳，贬演绎，主张通过长期的生产实践总结经验，并用这一实践经验理性地指导下一步实践。一切注重实用，一切着眼于现世人类的幸福生活，这就是培根及其经验主义哲学的宗旨。

　　培根奠定的经验主义哲学引起了思想界和科学界的震动，也明确地回答了上述问题：在信仰与理性之间，理性精神尤为重要。

　　经验主义哲学所带来的理性精神最直接的影响是促进了英国自然科学的飞速发展，为世界培养了太多伟大的科学巨匠。恰如恩格斯所说："……在哲学方面，英国至少能举出两位巨匠——培根和洛克，而在经验科学方面

1　Organum N. The philosophical Works of Francis Bacon [M]. London: George Routledge and Sons Ltd, 1905: 277.

2　Shiqiao L. Power and Virtue[D]. London: Architecture Association Routledge, 2005: 32.

3　[英] 费恩斯 L. 科学的社会功能 [M]. 上海：上海科技出版社，1987: 40-41.

图1-3　波义耳的空气泵实验器具　　图1-4　皇家学院杂志封面

享有盛名的则不计其数。如果有人问，贡献最多的是那一个民族，那谁也不会否认是英国。"[1]艾萨克·牛顿（Isaac Newton）、罗伯特·波义耳（Robert Boyle）、威廉·哈维（William Harvey）、威廉·吉伯特（William Gilbert）等伟大的科学家，都是英国在这一大背景下对世界作出的贡献。[2]而同时，格雷山姆学院[3]和"无形学院"[4]（即后来的皇家学会）也在培根理论的影响下建立起来，[5]对后世科学教育影响深远（图1-3、图1-4）。

　　在对科学、教育等领域的影响基础上，理性精神开始逐渐地向社会生产和生活层面渗透，日渐成为英国人心目中唯一科学的观念态度，根深蒂固。而这也为之后近二百年的建筑技术美学的产生、发展、复兴、转向等一系列演变，埋下了一个坚定的理性基因，是英国建筑技术美学的思想源头所在。

　　一方面，培根倡导的重视实践、经验的观念，逐渐向社会民众层面渗透。这种带有理性求实的精神、沉着镇静的品质，慢慢地成为全民族的共识，使英国成为一个讲究实效的民族，信赖现实的目标是靠自己的力量而非幻象，是靠科学而非迷信，是靠实干而不是空谈去达到的。也正是这种务实、勇敢的性格，塑造出19世纪那些精于技术探索、勇于开创新建筑美学的工程师和建筑师；也为二战后英国建筑界的技术美学复兴和生态、数字时代的建筑技术美学转向提供了最初的精神源头。

　　另一方面，英国科学家们的成功使他们更坚信经验主义哲学的正确性和科学性，进而对这一思想加以肯定和赞扬。例如牛顿曾公开嘲笑和讽刺欧洲大陆的先验、假想的思考方式，认为"那种方法也许会给人们带来思考的乐

1　[德]恩格斯 F. 英国状况——英国宪法 [M]. 北京：商务印书馆，1967：679.

2　申璋. 简明科学技术史话 [Z]. 北京：中国青年出版社，1983：160.

3　格雷山姆学院的老板是英王财政代理人和皇家交易所的创办人。这是一所以科学活动为主的学院，它不像一般大学那样，由教会管理，而由创办人、伦敦市长和市参议员管理。所有伦敦市民都可以进学院自由听讲，不收学费。在这里，科学已经开始正式摆脱教会的束缚。参见申璋. 简明科学技术史话. 北京：中国青年出版社，1983：160.

4　无形学院是1645年由一群自由的、团结的科学家们组织的。在王政复辟之后成为皇家学会。皇家学会的章程几乎是培根思想的翻版，如提倡有用的技术和科学，认为这是圆满政治的实现；发展自然实验哲学，认为只有如此才能够增强臣民舒适、健康的生活、增进贸易。参见申璋. 简明科学技术史话. 北京：中国青年出版社，1983：160.

5　李士桥. 现代思想中的建筑 [M]. 北京：中国水利水电出版社，中国知识产权出版社，2009(13)：10.

趣，但它的结论未经过实践验证，在事实面前不堪一击。"[1]由于他们在当时英国社会影响力甚大，其言论引领了社会价值取向，加速了经验主义哲学在全社会的推广，将理性精神的发展推向一个新高度。

而这一思想内涵在英国社会范围内被普遍接受，客观上为英国人能够接受和欣赏 19 世纪出现的带有明确"功能美"特征的建筑技术美学奠定了思想基础。以至于当那些裸露的、直白的、原生态的建筑技术出现在人们视野的时候，社会大众并没有排斥和反对，而是接纳或者宽容以对。这事实上为英国早期建筑技术美学的推广起到了关键的作用。

1.1.2 经验主义的建筑美学观念

英国经验主义哲学蕴藏的理性精神不断地向各个领域渗透，让诸多领域具备了"实证"主义特征。建筑作为"实用"与"艺术"的共同载体，进入了经验主义思想家的视野，对其"功能"与"美"的关系进行了讨论，为建筑美学开辟了一个新的思路，也正在这一番对传统"建筑美"（风格美、形式美）的抨击、质疑声中，建筑的功能美、技术美悄然显露了端倪。

作为经验主义哲学的奠基人，培根率先对建筑问题表示了关注，他曾在自己的《文集》中单独开辟一卷——45 卷《论营造》（Of Building）对建筑问题进行单独的探讨。在此书中，培根阐明了自己的观点："房屋是为了人的居住而建造的，而不是为了欣赏；因此，让我们在考虑式样的统一问题之前，先来考虑使用问题……将那些优雅的外观，或只考虑美观的房屋，留给诗人去发挥创造吧"；[2]"不应该对美特意追求，而应当追求知识的本身。美是争取最大限度实用价值过程中的自然流露"等等[3]。

为了进一步阐释自己的观点，培根以他的典型写作手法，引用了一个"贵族宫殿"的设想来说明他的"功能论"营造原则。培根认为贵族宫殿的主要部分应是一个规则的长方形，在入口正面的中央要有一个两层塔楼，比其他部分要高出 36 英尺。正面的主楼要划分成两部分：一个是公共部分，包括一个宴会厅和一些辅助用房；另一个是住宅部分，包括大厅、小礼拜堂、夏季用房和冬季用房。长方形的其他三边比主楼要矮，在内院的四角要有楼梯塔，向内院凸出并加高形成角楼，[4]等等。通过历史考据我们可以看出，培根肯定的是伊丽莎白式宫殿的典型特征，其中一个例子是由托马斯·塞西尔（Thomas Cecil）于 1588 年始建的温布尔登住宅。[5]对于这个建筑，培根认为它要优越于梵蒂冈和马德里附近的埃斯库列尔宫（Escurial）的设计，

1 Peter M, Mary A S. New Urban Environments- British Architecture and its European context [M]. Tokyo: Munich Preste, 1998(9): 12, 12.

2 克鲁夫特 H. 建筑理论史——从维特鲁威到现在 [M]. 王贵祥，译. 北京：中国建筑工业出版社，2005: 167.

3 同上，167.

4 Bacon F. The Philosophical Works of Building [M]. 第五版. Cambridge: Cambridge University Press,1979: 789.

5 李士桥. 现代思想中的建筑 [M]. 北京：中国水利水电出版社，中国知识产权出版社，2009(13): 13.

因为那里"几乎没有一个实用的房间"。[1]

培根所推崇的建筑很好地印证了"建造房屋是用来居住的,而不是用来观看的;因此要让实用先于外观,除非两者可兼得"等经验主义式的观点。在书中,培根对这座贵族宫殿的谈论和分析,几乎都是关乎建筑的"功能","风格"不在培根考虑的问题之列。甚至自维特鲁威以来就作为建筑美学规范的形式、比例、意义等问题,都丝毫没有被提及。

表面上,培根的《论营造》一文中没有包含对建筑美的思考,事实上却明确地表达了培根基于经验论所建立的建筑评价标准:功能。

培根关于建筑的观点今天看来有些许激进,但在当时普遍追逐财富,谋求利益和财富最大化的英国社会,并非孤立无援,而是有着大量的拥护者,甚至包含建筑界的知名理论家。

随着经验主义哲学思想的深化,基于经验论的建筑评价标准逐渐得到了英国建筑界的接受。17 世纪后期的皇家学会曾有相关记载:当时英国的皇家学会已经对建筑知识做出了进一步研究,将建筑科学中的营造问题,例如,有效、坚固的建筑结构和建筑材料知识,看作是建筑试验和设计讨论不可或缺的一部分,并将建筑学逐渐看作是"机械艺术"。[2] 17 世纪英国建筑理论家约翰·威尔金斯(John Wikins)也表达了类似观点:建筑作为"机械艺术"值得有聪明才智的人去探索,它作为一种有实际用途的"机械艺术",可以被视为有着"正统的来源,一方面产生于几何学,另一方面产生于自然哲学"[3]的学科。

不难看出,17 世纪后期英国的建筑领域逐渐接受了经验主义哲学,调试了对的建筑认知,建筑的功能、机械、结构、材料,以及建筑对重量、力的展现都渐渐纳入了英国建筑美学的视野。[4]

基于经验主义哲学思想而形成的 17 世纪英国建筑美学观念,虽然粗糙、稚嫩、不成体系,但是它却成为后来英国建筑技术美学思想的策源之壤。在之后的二百余年建筑技术美学发展过程中,英国建筑师体现出来的技术美学思想和对技术量化试验的关注都在此找到了最初的生发根源。

而培根与当代英国建筑师的建筑美学观念具有极高的一致性,则更明确地证实了经验主义哲学对于英国建筑技术美学坚定而又深远的影响。如培根的"在考虑(建筑)式样的统一问题之前,先来考虑使用问题……美是争取最大限度实用价值过程中的自然流露"的观点,与诺曼·福斯特、理查德·罗杰斯等人的"技术完成了,美就自然来了"等建筑美学观点有着异曲同工之妙,清晰地勾画出英国建筑技术美学自培根的经验主义时代至今的一脉传承关系。

1　Sone S. Reconstructing Antiquity [M]// 转引自李士桥 . 现代思想中的建筑 [M]. 北京 : 中国水利水电出版社 , 中国知识产权出版社 , 2009(13): 11.

2　Shiqiao L. Power and Virtue[D]. London: Architecture Association Routledge, 2005: 11.

3　John W. Mathematical Magick or the Wonder that may be Performed by Mechanical Geometry[M]. London: 1648: 5.

4　格雷山姆学院的老板是英王财政代理人和皇家交易所的创办人。这是一所以科学活动为主的学院,它不像一般大学那样由教会管理,而由创办人、伦敦市长和市参议员管理。所有伦敦市民都可以进学院自由听讲,不收学费。在这里,科学已经开始正式摆脱教会的束缚。参见申漳著 . 简明科学技术史话 . 北京 : 中国青年出版社 , 1983: 160.

图 1-5　用于建筑实验的透视箱

1.1.3　经验主义与实用主义建筑

经验主义哲学的理性精神盛行，改变了英国建筑界的认知，也改变了建筑美学观念。观念的变异势必诉诸创作实践，为之带来新的气息。英国建筑学界对技术美学的最原初的、片段的表达，便是这种新气息的表现。

17 世纪末至 18 世纪早期，是经验主义哲学对英国建筑直接产生影响的时期。该时期涌现了一批秉承经验主义的理性精神，尝试将建筑的形式、风格弱化，强化建筑使用功能的建筑师，被后世称为"实用主义"建筑师。他们主要是：克里斯托夫·雷恩（Christopher Wren）、韦尔、罗杰·莫里斯（Roger Morris）、沃顿、罗杰·普拉特（Roger Pratt）、约翰·索内（John Soane）。

这些建筑师虽然创作理念和手法并非一致，但他们都有相近的建筑认知，即建筑的功能胜于外观。在此方面，贡献最突出的当属雷恩。他不仅坚定地秉承培根的经验主义哲学思想，而且创作才华杰出，言论和作品的社会影响力甚大。[1]

雷恩创作生涯之初，曾经在皇家学会参与了"建造技术"的发明和实验，这包括"舒适、坚固和轻巧"的四轮马车、防御工事、"布景工具"和测量用的"透视箱"，以及一些"注重建筑中的坚固、便利和美观的新设计"，[2] 从中表露出他对建筑结构知识的关注（图 1-5）。雷恩设计的牛津大学谢尔登剧场，充分显示了他强调功能、结构效率和经济性的理念。

首先，雷恩在顶层尽量开大窗户，创造了一个明亮的室内空间，但如此

1　John W. Mathematical Magick or the Wonder that may be Performed by Mechanical Geometry[M]. London: 1648: 128.

2　李士桥. 现代思想中的建筑 [M]. 北京：中国水利水电出版社，中国知识产权出版社，2009(13): 21.

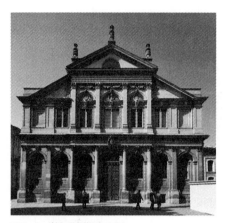

图1-6　谢尔登剧场南立面

图1-7　谢尔登剧场东立面

一来，建筑的立面从古典建筑词汇的角度来看显得奇怪（图1-6、图1-7）。对这个问题所带来的社会非议，雷恩借用索尔兹伯里主教堂结构阐明自己的观点：（索尔兹伯里主教堂）没有使用阻挡光线的花饰窗格，因为花饰窗格是一种"中世纪的病态样式"，"我们的艺术家非常明白，什么也比不上光线之美。"[1] 这段话既回击了反对者的非议，也明确了他的设计意图，即提供光线充足的室内空间远比符合比例的立面来的重要。[2] 这一观点带有鲜明的实用主义意味。

随后，雷恩设计了一个70英尺跨度的无柱屋顶结构。雷恩发明了一系列屋顶桁架，这些桁架由一系列梁、柱、斜撑和椽组成，其中每一部分的受力都是比较复杂的，在当时所处的现实情况里，由于木材的变形，精确计算桁架受力是不可能的。[3] 雷恩通过他对桁架受力的复杂性与模糊性的丰富经验，将此完成。他设计的桁架除作为桁架外，还可以同时作为梁和拱来受力。它共有5组桁架，每组有一根较粗的水平梁，由许多小段木材和铁板用螺栓连接合成。水平梁受的是拉力，每组桁架的主要椽子沿圆周排列，在结构上起着拱的功能，大大加强了整体结构。[4] 而这样的一个技艺高超的创新性结构从外面是看不到的，完全是为了满足剧场功能需要而设计的（图1-8）。

这座建筑体现了雷恩对于建筑结构、功能的尊重，也展示了他驾驭有限资源和财力的能力。然而，这座剧场的形式在古典建筑传统中显得相当怪异，也被一些建筑学家质疑。例如，约翰·萨摩森（John Summerson）将该建筑的立面比喻为"一个人把裤子拉到下巴那么高、又把帽子压到鼻子那么低。"[5] 实用、经济、功能才是这个建筑的重心所在。随后的剑桥大学圣三一学院图书馆（Trinity College Library in Cambridge）中，对功能

1　John W. The Sheldonian in its time, an Oration Delivered to Commermorate the Restoration of the Theatre [M]. Oxford: Clarendon Press, 1964: 46.

2　李士桥. 现代思想中的建筑 [M]. 北京：中国水利水电出版社，中国知识产权出版社，2009(13): 21,19.

3　李士桥. 现代思想中的建筑 [M]. 北京：中国水利水电出版社，中国知识产权出版社，2009(13): 19.

4　李士桥. 现代思想中的建筑 [M]. 北京：中国水利水电出版社，中国知识产权出版社，2009(13): 21.

5　John W. Mathematical Magick or the Wonder that may be Performed by Mechanical Geometry[M]. London: 1648: 7.

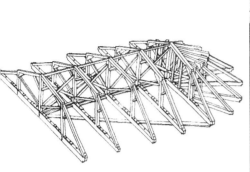

图1-8　谢尔登剧场屋顶结构　　　　图1-9　圣三一学院图书馆结构

图1-10　圣三一学
院图书馆平面图

的考虑仍然是雷恩的关注要点（图1-9、图1-10）。

　　在此基础上，雷恩等实用主义建筑师对传统"美"概念也产生了质疑。他们强调实用性、经济性、建筑形式的适应性，认为"现在的设计师们对待建筑，似乎普遍没有别的考虑，只关心确定柱式中的柱、额枋和檐口的比例……这些规则本身只不过是当时设计的潮流和时尚罢了。"[1]"建筑师应当警惕新奇的东西，以免让幻象蒙蔽了判断力……但建筑的自身美则是永恒的。"[2] 也正是在这些质疑声中，催促了另一种"美"的诞生。它最初体现为基于功能的实用表达，伴随着英国工业技术的进步，逐渐演变为扎根于理性精神、带有明确英国特质、以功能实效为核心、以工业力量为依托、以技术形象为表征、带有充分"现代合理性"的新时代建筑美学——建筑的技术美学。

1　Witherill G. Wren Society[M]. Greenfield: Denio & Phelp , 1942: 124.
2　Witherill G. Wren Society[M]. Greenfield: Denio & Phelp , 1942: 127.

1.2　工业革命的现代序幕

　　经验主义哲学蕴含的理性精神为英国社会带来了思维方式的变革，引发了社会各个方面的巨大变化，为现代建筑和建筑技术美学的生发埋下了思想的种子。而轰轰烈烈的英国工业革命则以势不可挡的态势催促着建筑技术美学的到来，为之奠定坚实的物质根基。

　　18世纪上半叶，在理性精神的倡导下，英国的科技成就领先了世界，并最终转化为切实的生产力，吹响了"工业革命"的号角。英国社会率先挣脱了传统的束缚，敲开现代社会的大门，为人类历史开辟了一方新天地。它不仅改变了人类历史的前进方向。同时，也如巨大的引擎将人类社会带入"现代"轨道，以强有力的态势激发社会的方方面面变革。体现在建筑领域则是：新建筑类型需求的激增与新技术形态的层出不穷，它们共同催促着一种摒弃传统的，体现现代工业社会特征的新型建筑和新型建筑美学的出现。

1.2.1　现代社会的建筑需求

　　在工业革命大潮的席卷下，英国的建筑界发生了激烈的冲突与变革。英国，这个由大机器生产为主导、科学技术飞速发展、社会分工清晰的现代社会，对建筑——这一承载着社会生活和生产的物质载体作出了时代性的新要求。

（1）建筑体量需求巨型化

　　英国工业革命中生产工具和生产组织形式的改变，决定了建筑需求的根本性变革。

　　工业革命以来，英国社会的生产工具由过去简单的、手工业化的工具，转变为大机器化的生产工具。英国机器制造业的大规模、大范围出现标志着工业革命基本完成。用机器生产机器，再用这些机器去生产其他产品，成为此时英国生产制造业的新型模式，也革命性地改变了千百年来的人类生产方式。这与前工业时代的手工生产工具相比，不仅生产工具本身的体量大，而且生产流程相对复杂，要求更多的承载空间和操作空间。

　　同时，生产组织形式也更深刻地改变着建筑需求。在工业革命中，"工厂化"是生产组织形式的重大变化。此时的英国生产一改往日以"户"为单位的小作坊式生产，而是将工人们组织起来，服从统一的劳动管理，按固定

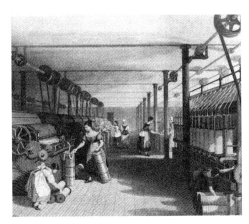

图1-11 集中式生产

图1-12 19世纪早期充满工厂的英国城市

的工作时间上班下班，一个工人不按时就会延误整个工序，因此他们必须养成集体劳动的习惯，不可以自由散漫。这种"集中式"的工厂化生产形式，需要数名甚至数百名工人们共同劳工。这就要求工厂的空间既要足够放置大型机器，同时也要能容纳工人的集体劳动和劳工成果的囤积。这样，大型工厂、仓库作为新型建筑走入了建筑需求之列（图1-11）。

此外，随着工业革命的深化，营造活动不断丰富，英国社会对于巨型体量的建筑需求也日趋多样，例如用于采煤的煤矿、用于水利枢纽的高架渠、服务于交通运输的桥梁、火车站、用于展示工业革命成果的展览馆等等。[1]这些建筑物（或构筑物）不仅是昔日未曾出现过的新建筑类型，它们所需要的尺度和体量也实现了历史性突破（图1-12）。

（2）建筑类型需求多样化

在工业社会到来之前，人类社会的主要建筑类型是住宅、教堂、小型商铺等等。然而，工业革命让英国社会的生活和生产更加多样化，对建筑类型的需求也丰富起来，许多之前不曾存在的建筑类型诞生了。

大型工厂、仓库、大型铁桥、火车站都是这一时期英国社会典型的新建筑类型。英国 18 世纪之前的内陆交通条件很差，道路基本上是泥尘土路，大部分河流不能通航，内河运输状况糟糕。[2]18 世纪之后，为了发展国内市场，英国掀起了修筑公路、开凿运河、铺设铁路的热潮。这些交通线路的修建将全国交织成一张网。而迅速蔓延的铁路，又带来大量的建桥任务，英国在铁路出现后的 70 年内，建造了 2500 座大小桥梁。[3]于是，各式桥梁、公路和铁路，以及它们的附属建筑：交通枢纽站、港口仓

1 Horsman M, Marshall A. After the Nation-State: Citizens, Tribalism, and the New-World Disorder [M]. London: Harper Collins, 1994: 13.

2 钱承旦，许浩明. 英国通史 [M]. 上海：上海社会科学院出版社，2002: 219-221.

3 Ronald W, Cox M, Daniel K. US Politics & the Global Economy: Corporate Power, Conservative Shift[M]. Boulder CO.: Lynne Rienner Publishers, 1999: 22.

图1-13　19世纪大量出现的桥梁与工厂

图1-14　特福德镇铁桥

库等如雨后春笋一般,成为英国大地上具有工业时代特征的新建筑类型(图1-13)。

(3)建筑建造过程经济化、快速化

英国人秉承经验主义的思想,其行为模式具有务实的理性特征。以此为导向,工业时代的主要社会群体阶层——中产阶层,明确地将追求财富、谋求利益的最大化作为一切行动的目标,逐渐发展成为"功利主义"观念。

在"功利主义"观念影响下,英国社会生产甚至包括建筑营建都指向了经济、高效。资本家迫切要求在营建过程中,减少材料和人力消耗,缩短工期,以最少的投资获取最大的利润。于是,建筑再也不是精雕细作,数十年磨一剑的时光雕刻机,而是需要在满足基本使用功能的前提下,以最经济、最快速的方式建造出来,以便尽快地投入使用,创造最大效益。例如,1779年的跨度30米的特福德镇铁桥(Ironbridge, Telford Shropshire)仅3个月就利用铸铁构件装配完成(图1-14)。

于是,在全英国社会生活节奏、生产效率普遍提高,时间观念普遍增强的大趋势下,建筑界走入了一个高速运行的轨道。对于这一时期的建筑来说,风格、样式、比例、社会教化意义远比不过功能、经济、高效来的重要。

总之,英国的工业革命让这个国家发生了天翻地覆变化,许多传统戒律都在此时被击碎,试图寻找新的规则。建筑,逐渐走出了昔日高雅艺术的领地,成为资产阶级手中的固定资本和商品。这一角色的转变不仅直接反映在建筑的物质生产过程中,也投射到建筑设计、建筑美学等方面,促发建筑领域产生由内而外的革命。

图1-15　康威悬索铁桥

1.2.2　进步的材料技术

英国工业革命为建筑界带来的另一个巨大变化，便是拓展了建筑材料的疆域。在以往的建筑历史中，建筑材料主要局限在木材、砖瓦、土、石、砂等天然材料范围内，而工业革命之后，铁、钢、玻璃等成为建筑领域的主要建材，它们以材料技术革新为依托，充分地展示了自身的优越性。

（1）优越的物理性能，能够满足巨型建筑体量的需求

铁，大范围地应用于建筑结构，是工业革命带来的最主要建筑材料变化。铁作为建筑辅助材料，在中世纪建筑中早有应用，常被作为石材建筑中的连接件或链条与支撑，例如，法国先贤祠（Panthéon）的门廊应用了金属网来保证上部挑檐的稳定性。然而，到了18世纪的英国，铁的结构力学潜力被发掘出来，它优越的硬度、延展性、可塑性、抗弯性、自重轻等物理特征大大超越了传统建材，能够很好地满足大跨度建筑需求，成为主要建筑材料。例如，在1819～1829年期间，英国结构工程师托马斯·特福德（Thomas Telford）采用铸铁构件作为结构基础材料，锻铁链作为悬挂支撑结构，在梅耐海峡（Menai Strait）兴建了跨度达140米的铁路钢铁悬索桥，横跨海峡，史称康威悬索铁桥（图1-15）。同样，铁材料也广泛地应用在英国火车站站台的大跨度结构中。1854年完成的伦敦帕丁顿火车站，以三个大跨的铁拱覆盖了宽240英尺，长700英尺的面积，创造了一个内部无柱的畅通空间（图1-16、图1-17）。这样的跨度在今日看来似乎是寻常之事，然而在二百多年前的英国，实在是历史性的突破。

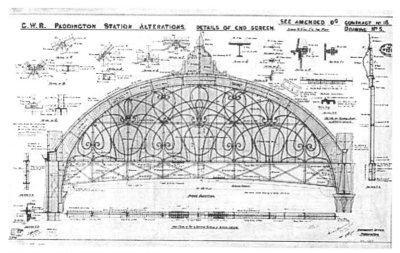

图1-16   伦敦帕丁顿火车站最初草图

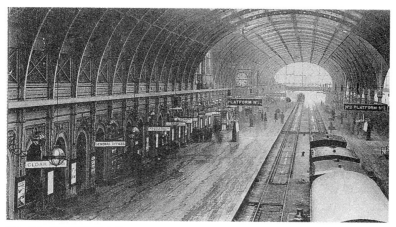

图1-17   伦敦帕丁顿火车站

（2）较高的生产效率和较低廉的成本，能够满足快速化、经济化的
建造要求

　　资本化的产业运营和技术成果的革新与应用，使英国的工业飞速发展。
由亨利·科特发明的搅拌炼铁法，直接用煤烧炉炼铁，大大提高了铸铁的产
量和质量。在19世纪40年代，恩格斯曾在英国居住，对于这一段时间的
见闻和感受在书中如此描述："铁作为新的材料，它的生产发展是最快的……
铁的生产成本大大降低，以致习惯上用木头或石头制造的大批东西现在都可
以用铁制造了。"[1]产量增多和生产效率提高使铸铁的成本得到有效降低，
许多工业时代所需要的大量建筑均可以用铁来建造。这不仅满足了资本家们
降低成本的初衷，也很好地顺应快速运转的工业社会节奏。

1 [苏]列宁，斯大林.英
国工人阶级状况.马克思
恩格斯全集[M].第二卷.
中共中央马克思恩格斯列
宁斯大林著作编译局，译.
北京：人民出版社，1995：
291-292.

同时，随着资本化的深入，工人和资本家的矛盾日渐激化。工人为了保护自身利益，组成了工人联盟，不断地要求增加工资。于是，缩短工期或减少施工人员成了降低成本的方法。承包人欢迎任何一种可以简化工地工作的发明，能够提高建材生产效率，降低单位经济消耗。例如，建材批量生产便受到了普遍欢迎，植物温室、火车站所用的玻璃通常都是批量化生产的产物。

（3）材料的多元性，能够广泛适应不同的建筑类型

铁、玻璃为主导的现代材料不仅以其优越的物理性能和低廉的造价能够极大地满足英国工业社会对建筑的需求，使社会上大量需要的巨型建筑、经济型建筑得以实施。同时，铁、玻璃等材料的质量也在不断地优化，更广泛地适应了不同层面、不同类型的建筑需求。

例如，18 世纪末以前，英国的主要建筑材料是铸铁，但它粗糙、易生锈，在硬度上较脆、易破裂的缺点，使其建筑中的性能令人不尽满意。19 世纪初期，随着英国炼铁业的发展，锻铁的出现使这一情况得到了改善。锻铁材质更柔韧、可塑性、抗弯折度好，这使它能够承担更复杂、更关键的力学任务。由于锻铁的高成本，它经常与铸铁结合应用，这样的配合方式更好地满足了资本家的胃口：一方面可以提高建筑质量，而另一方面尽可能地节约成本，因材施用。1851 年世界博览会建筑——水晶宫就是这样的例证，水晶宫中央大厅的主结构——最大的桁架长 72 英尺，是由锻铁制成，另一个大尺度的 48 英尺桁架也采用了锻铁，以此保证建筑的质量。而大量使用的 24 英尺标准桁架均采用了铸铁，以实现经济的目的。

19 世纪下半叶，钢冶炼技术的成熟更大大丰富了建筑的结构和形态表达，拓展了新材料所能承担的建筑需求。由于材料性能的完善和社会审美心理的变化，钢与铁也陆续成为装饰的要素，被制成门窗框、栏杆和阳台等，带有审美的特质。

综上所述，工业社会的到来对英国建筑界提出了艰巨的时代性要求，而铁、玻璃等工业社会的建筑材料，以其优越的物理性能、低廉的成本、高效率的生产成果和多元化的材料性能承担起这一时代任务，满足建筑的崭新需求，为英国建筑界向现代化迈进提供了非常坚实、雄厚的物质基础。而同时，这些进步的建筑材料所展示的力量、性能、形态不仅展现了英国工业化社会的时代精神，同时也蕴含着一种新的建筑美学表达方式。

图 1-18   虎克定律实验

1.2.3   现代结构知识的应用

进步的工业化材料技术为满足现代英国社会的建筑需求提供了有力的物质保障，使其有了实施的可能。然而，如何使带有现代需求的建筑成功地、优秀地建造起来，还依赖于结构知识的跟进和完善。

而正如前文所述，英国在 17 世纪取得了令世界瞩目的科学成果，包括数学、力学和材料学的伟大进步，而这些看似局限于实验室的科学果实，却成为 18 世纪末至 19 世纪初建筑结构发展的关键知识支撑。

17 世纪末，牛顿等英国科学家在总结前人成就的基础上，通过观察实验和理论研究，解决了相当多的物理学、数学等难题，对现代力学的巩固发展立下了汗马功劳。故而，恩格斯曾对牛顿等英国科学家的贡献作出了极大赞许："在以牛顿和林耐为主要代表的这段时期中，许多重要的数学难题被攻克，确立了许多正确的数学方法和数学公式……刚体力学也是一样，它的主要规律彻底弄清楚了。"[1] 随后，1678 年，英国皇家学会实验室主任罗伯特·虎克（Robert Hooke）根据用弹簧所做的试验，提出著名的虎克定律。奠定了弹性体静力学的基础，这使得工程师可以用图算法来计算构件的内力（图 1-18）。

18 世纪前期，欠缺力学知识指导的建筑工程酿成了一连串惨痛的苦果，人们直观地意识到掌握结构知识的必要性。而大多数建筑工程，包括大型铁路桥梁在内，往往是个别资本家的私产。资本家的"经济天性"，要求必须尽一切努力防止工程失败而招致严重的损失。这样，工业革命以后，结构计算受到重视，成为重要工程中必须的步骤。

1   [德]恩格斯 F. 自然辩证法导言. 马克思恩格斯选集 [M]. 第三卷. 北京：人民出版社，2009: 447.

图 1-19　不列颠尼亚桥的主创人员

19 世纪后半叶，用丰富的力学和结构知识武装起来的工程技术人员，获得了越来越多的主动权，在某些工程中成为设计主导。他们在工程设计中所进行的科学分析，量化、精准的计算，反复的力学实验，能够有效直观地揭示出隐藏在材料和结构内部的力学关系，计算出构件截面中将会发生的应力，在施工前做出比较科学的工程设计。而那些不安全的结构在设计图纸便上被淘汰了，使实际工程中的风险大大降低。

这样一来，工程投入大大节约，减少了资本浪费，迎合了资本家"经济化"建设的初衷；同时，力学结构知识的支撑，让许多曾经看似难以实现的工程，都有了投入实体建设的可能。也正是在结构力学知识介入建筑实践之后，诸多复杂、大型的工程才得以顺利的实施。

例如，1846 年英国门莱海峡上的不列颠尼亚桥（Britannia Bridge）就是结构力学全面介入下的经典案例，它创造了 19 世纪中期工程结构领域的重大突破，推动了结构科学的发展，对后世影响颇深。[1] 这座桥总长 420 米，共四跨，两端桥跨各长 70 米，中间双桥跨超过 140 米（图 1-19、图 1-20）。这个尺度已经大大超过当时所有的铁路桥梁，是一个困难的任务。此项目中，结构科学、数学、材料学多方合作，铁路工程师罗伯特·斯蒂芬逊（Robert Stephenson）、机械工程师威廉·费尔班恩（William Fairbairn）和力学

1　吴焕加. 中外现代建筑解读 [M]. 北京：中国建筑工业出版社，2010: 37.

图1-20   不列颠尼亚桥

数学家伊顿·霍金森（Eaton Hodgkinson）首先选定了筒形桥身，认为其足以承担最重的列车。之后对不同截面的筒体、结构尺寸、铁筒壁厚度进行1:6的模型实验，共6次反复实验，最后在实验结果的基础上确立了桥体。此外，该桥的实验中还充分考虑了风压力、不均匀日照的影响，甚至连铆钉的分布也都通过精确的实验得以解决。

此类杰出的工程案例在19世纪的英国层出不穷，这不仅直接推动了工业革命的进程，为英国社会的工业化建设提供了更优越、更适合的生产营地；同时也促进结构力学的进一步发展，使之在实践中愈加成熟。

结构力学知识介入建筑领域，也为建筑发展开辟了一方新天地，"工程结构成为科学……这是建筑事业区别与历史上几千年的建筑活动的一个重要标志，是建筑历史上一次空前的伟大跃进。"[1]在英国，建筑科学率先与结构力学融合为一体，用现代的知识体系武装自己，实现了这一伟大跃进，从传统的经验式建造走向了科学化、理论化的现代建造，这也在一定程度上标志着建筑走上了"现代"的征程。而在这一过程当中，所展示的结构自身的形态、强劲的结构力量、严谨的力学逻辑、优美的力学美感等内容，也逐渐被社会大众所熟识和接受，日渐成为英国建筑在走向现代路途中的美学表征。

1 吴焕加.中外现代建筑解读[M].北京：中国建筑工业出版社，2010: 37.

1.3　新社会阶层的析出

工业革命为英国社会带来的不仅是物质范畴的伟大革新与进步，同时还引发了社会结构的全方位变革。其中一个突出的表现就是以资本家为代表的新兴阶层登上了历史舞台，他们以自己杰出的经济能力和勤劳务实的态度，在英国的经济、政治乃至文化艺术方面发挥了不可小觑的作用。

在建筑领域，日益占有社会大部分财富的资本家们，成为当时英国建筑的主要需求者和资助者。资本家的建筑需求与审美旨趣逐渐向社会上层发起冲击，使英国正统建筑界造成震动，逐渐成为名副其实的建筑主导者，昔日统治建筑艺术领域的贵族阶层受到了挑战。

随着建筑需求者和资助者的变化，建筑领域的主创人员也随之改变。为贵族利益和旨趣服务的建筑师，由于有限的知识结构和旧有观念的限制，其创作地位受到了威胁，而谙熟结构材料知识、务实勤勉的工程师迎合了资本家的需要，成为英国建筑界的新兴设计群体。也正是他们的工作，使建筑脱离了传统的风格旨趣，向理性、经济、科学的方向迈进，构成了英国建筑技术美学的关键部分。建筑领域主导者与主创人员的变化为英国建筑技术美学的生发提供了积极的主观因素。

1.3.1　文化主导者：由贵族鉴赏家到新贵阶层

当现代的曙光初露时，在英国的社会形态仍然是相对稳定的金字塔结构。金字塔顶高坐着国王，以下则是贵族、乡绅、市民、工农等。虽然，工业化进程让资产阶级（或称为中产阶级）从乡绅和市民工农中分裂出来，队伍越来越庞大，可是截止到 18 世纪末，英国的贵族依然享有绝对的社会权威。

贵族不仅控制着政治——上院，还占有国家的绝大部分土地，是最富庶的阶层，同时，贵族还支配着整个社会的文化发展。他们的价值取向和文化意志决定着社会文化艺术创作的方向。在英国，贵族不仅要求作家、诗人、音乐家、艺术家、建筑师等人要迎合他们的审美趣味进行创作，同时由于严格的贵族教育，贵族本人经常参与到艺术创作当中，并以"鉴赏家"的身份对艺术作品做出专业的评价和指导。他们要"懂得如何布置自己的花园，如何塑造自己的住房，如何装扮自己的马车……"[1] "他们能放眼世界并让自己熟知好几个欧洲国家的风度和习俗，研究其古代遗迹和

1 Walter E. Houghton. The English Virtuoso in the Seventeenth Century [J]. The History of Ideas, 1942(3): 73.

图1-21　大旅行中的贵族青年

资料，观察城市状况……主流艺术、娱乐、建筑、雕塑、绘画、音乐……和交谈中的品味"[1]等等，并以此标榜自己是具有高尚品味的人，是"时代的优秀才华，以及艺术和才华的热爱者"。

在艺术"鉴赏家"的美好光环下，英国的贵族非常重视建筑史学理论和古迹研究，并将实地学习建筑、考察艺术古迹作为纯正贵族血统教育的最后一门必修大课。这就是始于佐治亚时代的"大旅行"（Grand Tour）。在大旅行期间，贵族青年需要赴欧洲大陆对意大利古罗马的古迹、古希腊的文明、法国的建筑艺术进行实地学习和研究。这一环节让贵族青年获得教育和旅行的双重乐趣，也让他们把欧洲大陆的文化艺术风尚带回了英国，并一度掀起了对建筑古迹实证考察的热潮（图1-21）。例如，1734年从"大旅行"归来的贵族青年组建了"业余爱好者"（the Society of Dilettanti）社团，出版了一批有关于中世纪建筑和古籍保护的书籍，其目的就是显现出对古典主义建筑文化的重视。[2]19世纪之前的英国，贵族阶层控制下的建筑学十分看重历史经典、风格流派，并将拥有这样的知识储备看作是尊贵身份的象征。

因此，在17、18世纪的英国建筑界充满了这种对欧洲大陆古典建筑致敬和效仿的作品。由于当时贵族"鉴赏家"们在艺术界的统治势力，即便是一些有革新思想的建筑师，最终也不得不迫于压力而迎合贵族的艺术品位。例如，建筑师雷恩，其作品中已经有鲜明的"实用主义"特征，带有英国建筑技术美学的隐约身影。然而，在他后来的建筑创作中，终究也出现了不得已的妥协。在温彻斯特宫设计中，雷恩为了迎合英国查理二世的口味，效仿了法国的凡尔赛宫改造设计。将"实用"暂时搁置，优先考虑建筑风格和体量的雄伟和奢华感觉。[3]在18世纪初，英国建筑界再次回到了古典传统的怀抱，建筑的评价标准限定在了帕拉蒂奥的作品模式范围内。

1　Walter E. Houghton. The English Virtuoso in the Seventeenth Century [J]. The History of Ideas, 1942(3): 51.

2　朱小明. 当代英国建筑遗产保护 [M]. 上海：同济大学出版社，2007: 15.

3　Shiqiao L. Power and Virtue [M]. London: Routledge, 2006: 32-35.

截止到 18 世纪末，英国的贵族依然统治着建筑艺术界，只有符合他们审美品位的建筑才能得到认可，予以资助建设，新生的建筑技术美学萌芽，难登主流，只有等待历史契机。

英国社会工业化进程的深入，工业革命的到来让这一历史契机在 18 世纪末发生了。

一方面，建筑的需求发生了巨大的变化，英国贵族崇尚的建筑风格和与之对应的建造方式，不能适应工业社会对于建筑的需求。他们所需要的建筑过多地关注风格、装饰、社会意义，忽视实用功能。建筑不仅造价成本昂贵，所需建造时间长，因此在工业化的建筑舞台上日渐显得不合时宜。

另一方面，以资本家为代表的新贵阶层日渐成为经济的主导者，成为社会工程建设的主要需求和资助群体。英国贵族与欧洲大陆贵族最大的不同之处在于他们虽然享有政治特权，但不享有经济特权，即无免税权。因此，工业革命以来，贵族的经济地位日渐削弱，新贵阶层以其对财富的敏锐热情、理性务实的勤勉劳作夺取了经济领域的胜利，逐渐地由支配经济领域，过渡到支配社会观念和社会生活。在建筑领域，新贵阶层不仅控制了英国建筑界的绝大部分营建工程，而且还对建筑提出了新要求。

在新贵阶层的观念中，建筑不再是炫耀自我身份的艺术载体，而是固定资本和商品。建筑具备经济属性，其营建的标准就是在最短的时间内、以最少的投入为投资者获取最多的利润。例如，大型工厂和仓库，基本上属于纯经济型建筑，只有以最少的投入和时间建造完成，尽快地投入使用才是最经济的路径，因此功能性设计是这类建筑最合适的选择。而火车站台雨棚和桥梁等建筑，它们无关于社会教化，对其添加额外装饰不仅没有实际用途，而且会增加结构荷载，造成不必要的预算浪费。

于是，"实用"继昔日的"实用主义"之后，被高调地纳入到建筑创作标准当中来。一切以"实用"为首要准则的建筑，在新贵阶层的看来才有投资营建的必要，其他古典建筑的准则在这些"唯财富论"的人们心里没有立足之地。这一准则不仅直接反映在房屋建筑的物质生产过程中，还曲折地折射到建筑设计、建筑思想以及建筑美学等方面。

此外，新贵阶层与传统贵族相比缺少传统文化的束缚。新贵阶层的有的来自没落乡绅，有的则是从普通市民或技术工人分化而来。他们通常没有深厚的古典教育背景，也缺乏相应的社会地位、品味、身份的约束。财富，是工业革命早期新贵阶层的唯一追求，这也使他们可以在建筑文化领域，放得开手脚不受束缚，为与古典建筑准则相悖的技术美学的产生提供了宽松的生长环境。

最后，我们不得不承认，英国建筑主导者转移的过程，事实上是一个充满了矛盾、冲突、迂回的过程。贵族鉴赏家们虽然失去了经济和艺术领域的绝对统治地位，但由于英国特有的社会结构和文化传统，他们的影响力在一定时期内仍然存在。而以资本家为代表的新贵阶层，他们在历史的推动下主导了英国的建筑领域。虽然由于自身的文化妥协性，一度出现了松懈、倒退的局面，但在 18 世纪末至 19 世纪初的这段时间里，他们对英国现代建筑的出现起到了关键的扶植、资助作用，直接促进了英国建筑技术美学的早期萌发，为 19 世纪中期建筑技术美学的破土生发做好了坚实的社会储备。

1.3.2　建筑领航者：由建筑师到工程师

英国建筑领域领航者的转变，表现在受贵族鉴赏家支持的建筑师的地位受到威胁，服务于资本家的工程师作为一个新生力量，晋升为建筑创作的主导。

在英国，建筑师是一个享有较高社会地位的群体，他们作为社会的中间阶层，专门为国王、贵族等上层人士服务，其中为皇室服务的建筑师地位较高，被称为"绅士派建筑师"。如前文所述，建筑师需要满足贵族的意志，来获得认可。因此，他们在设计过程中总是极力地表达统治阶级意愿，表现出对古典建筑风格、社会意义、教化功能等问题的关注。而他们所受的专业教育，也使其对建筑的此类问题比较专注和擅长。

与之形成对比的是 18 世纪出现的工程师。在 18 世纪早期，"工程师"这个称谓在英国尚不存在，从事大量基础土木和结构工程的是所谓的建筑工匠。他们位于社会的底层，没有受过较为正规的教育，其工艺知识基本来自于传统的师徒制。与高雅、体面的建筑师相比，他们所从事的是脏且累的泥土活。自英国工业革命兴起后，社会需要大量的桥梁、铁路、工厂等满足工业化生产需求的功能性建筑，于是擅长结构知识和土木知识的工匠分离出来，成为专业的技术人员。随着此类项目在社会上的增多，到了 18 世纪末，一个新专业群体——工程师，诞生了（图 1-22）。

工程师们通常具有实用的思维、熟练的实践经验、良好的结构知识教育，能够应用材料力学知识去解决实际问题。也正是因为这些专业素质，他们为当时英国社会的建设作出了杰出的贡献。他们能够对设计进行计算，或者预先在大模型中进行试验。他们在积累大量工地经验的同时，发展了静力学知

图1-22　19世纪工程师制图室

识，建立起相关理论体系，在此基础上，创造出惊人的、连续的工程成就。

　　对于工程师的这些成绩，建筑师的反应是比较有趣的。起初，他们对此表示漠不关心。一方面，在他们看来，工厂、仓库、火车站等建筑不属于"建筑"，工程师从事的是不入流的工作。因此，这些建筑以及所带来的设计方法、构造方式、美学特征也不足以引起他们的关注。另一方面，被学院派培养出来的建筑师，对建筑的结构计算、新材料、新技术了解甚少，在艺术技巧上的要求一直很多，他们不断用建筑上的想象力来培养自己，脱离结构、造价、施工过程的实践。即便他们对这些新兴建筑有兴趣，也没有足够的能力去驾驭，只能望而兴叹、敬而远之。

　　随着工业革命的蓬勃发展，英国社会的建造热潮如火如荼，忙碌的工程师与相对清闲的建筑师形成了鲜明的对比。虽然，一些出色的建筑师仍然承担着标志性的建筑创作，如约翰·纳什于 1818 年设计了卡尔顿王宫（Carlton House）、波特兰王宫（Portland Place）等王室建筑。但建筑风格的含义仍是建筑师主要关注的事情。其目的是引述辉煌的过去，保持现在的尊严。工业化的历史进程，将这些只谙建筑风格、意义的建筑师抛在了后面，将务实勤勉、理性探索的工程师推上了浪潮之尖，成为这个时代的建筑领航者。

　　今天看来，工程师在英国建筑界所起到的领航作用，不仅仅在于他们承担了工业革命时期大量的建设工作，更多的是他们的理性务实精神为建筑界乃至全社会带来的积极影响，为充斥着古典趣味的英国建筑界带来了现代理性的曙光。他们建筑作品中蕴含的经济、实用、高效、简洁都成为后来英国现代建筑乃至世界现代建筑的主要特征，并在此基础上诞生了建筑的技术美学。

英国工业革命时期的工程师探索，构成了英国建筑技术美学体系中的一个传统根源，20 世纪晚期的建筑师尼古拉斯·格雷姆肖曾多次提及英国建筑技术创作中的"工程师传统"，并肯定它的理性探索精神。可以说，这一理性精神不仅开启了现代建筑和英国建筑技术美学的大门，也作为一个长期稳定的因子贯穿于英国建筑技术美学的谱系发展当中。

1.4　现代美学风尚的衍生

18 世纪末到 19 世纪初，英国进入了工业革命的后半程，整个社会逐渐驶入了现代轨道。伴随着思想形态、物质基础、社会结构的变革，英国现代社会的变革力量渗透到审美领域。在建筑领域，主要表现为英国建筑美学脱离欧洲大陆古典主义的美学规则，寻求属于本民族的建筑风格和审美习惯；摆脱传统贵族的审美品位，寻求迎合时代需求的理性的、实用的建筑美学。

英国建筑美学的风尚转向，以经验主义理性精神、工业革命成就、新兴阶层胜利为基础，指向了建筑内部的美学变革，直接地激发了英国建筑技术美学的生发。

1.4.1　社会审美风尚的整体转向

（1）民族化转向——"维多利亚精神"

英国社会审美风尚的民族化转向，其动力来自于 18 世纪中期日渐增强的英国民族自豪感和民族文化的自我认知意识。英国民族意识的觉醒最早始于 15 世纪，从这一时期开始英国在文化上从"从属"走向"自我"。[1]这一民族意识事实上是一个持续演变发展的过程，但了 18 世纪中期的时候，达到了一个顶峰。

这是因为，17 世纪以牛顿为代表的英国科学家取得了令世界瞩目的成就，使偏安一隅的岛国——英国赫然屹立于世界的最前沿，这让英国人的自信心大增。约翰·埃尔莫（John Elmer）曾在给朋友的书信中写道："英格兰人啊！倘若你们知晓，你们的生活是多么富足，你们的山川地域是多么丰饶，你们就会俯身拜倒在上帝面前，感谢他的恩典，使你们有幸生而成为英格兰人，而不是法国的农夫，不是意大利人，也不是德意志人。"[2]随之而来的工业革命，再一次将英国推向了世界之巅，这无疑大大激发了英国人的民族自豪感，英国的民族主义热情愈加高涨，引发了英国人对于自我民族文化的关注和肯定。

这种高涨的民族自豪感，在英国具体表现是，诸多领域都出现了民族化的审美取向。园林方面，兰斯洛特·布朗（Lancelot Brown）为马尔博罗公爵设计家族的乡村林园摆脱了意大利园林的约束，[3]创造了基于英国乡村风光的"如画园林"；在历史学方面，英国历史学家爱德华·吉本的《罗马

1　钱承旦，许浩明. 英国通史 [M]. 上海：上海社会科学院出版社，2002: 101.

2　[英] 勃里格斯 A. 英国社会史 [M]. 北京：中国人民大学出版社，1991: 121.

3　朱宏宇. 英国 18 世纪园林艺术——如画美学理念下的园林式研究 [D]. 南京：东南大学，2007: 213.

图 1-23 英国绅士服装

帝国衰亡史》将千余年的罗马帝国风雨收于笔下，流露出对于昔日罗马帝国的遗憾和批判，表达了本民族作为明日帝国的自信之感。[1]

这些民族化的审美取向弥漫在英国社会，形成了以中产阶层价值观念为核心的民族化审美风尚。

中产阶层的价值观念，主要兴起于维多利亚时代，史称"维多利亚精神"。"维多利亚精神"实际上就是英国社会新兴资产阶级塑造出来的绅士精神——注重理性、实用、经济。由于中产阶层的强大和成长，他们以雄厚的财力办起和资助了一大批为自己鸣锣开道的宣传品，例如报纸、杂志、出版物等等。在公众心目中大力塑造自己的形象。甚至某些报纸宣称中产阶层的价值观念是全民族的精华："这个国家中等阶级的价值……是得到所有人承认的。他们很长时期以来一直被认为是英国的光荣，并使我们能在民族之林中昂然矗立。我们人民之中的优点几乎都可以在这个阶级中找到。"[2]

"维多利亚精神"带来的审美风尚转向，在社会生活中得到了淋漓尽致的展现。服饰方面，更适合于经济活动的服饰风潮兴起，昔日贵族的假发、紧身上衣、灯笼裤，被中产阶层的高礼帽、燕尾服所取代，丰富的服饰色彩也让位于淳朴、简单的黑白色调（图 1-23）；住宅方面，那些清冷、偏远的贵族城堡不再是人们向往的住宅，而城市周边舒适、温馨、小巧、精致的中产阶层住房则越来愈因为富有人情味而受到青睐；饮食方面，人们对吃食的讲究降低了，更注重的是营养价值和经济实惠，而不是贵族的排场，生意人在公共餐馆边吃边谈生意，成为常见的生活场景。这些生活中的审美取向的改变，不仅发生在社会百姓的家里，就连维多利亚女王和她的家人也经常相亲相爱地在起居室熊熊的壁炉旁团坐在一起，与任何一个中产阶层家庭没有两样了。

1 吴于廑, 齐世荣. 世界史 - 近代史（下卷）[M]. 第二版. 北京：高等教育出版社, 1992: 237-240.

2 贝杨辛. 青年美育手册 [M]. 石家庄：河北人民出版社, 1987: 851.

图1-24　用钢餐具拼装的雕塑

总之，在 19 世纪初期，英国社会的生活开始步入以中产阶层的价值观念为主导的时代，理性、实用的观念洗刷了英国社会的审美价值和范畴，改写了人们的生活习惯和价值评判。社会生活审美价值观的普遍改变，也必然会为建筑美学带来不可避免的冲击。

（2）技术化转向——技术形象普及

工业化的全方位推进，让英国社会变成了一个典型的工业国家。在英国社会中，充斥着各种机器、设备等生产要素的技术形象。而由于钢铁产量和工艺的提高，带有工业技术特征的生活用品或艺术作品遍及了英国人生活的每个角落，如精致抛光的餐具、炉具、铁艺家具、装饰品等等（图1-24）。有的甚至干脆赤裸裸地将内部机械设备展露出来，让人们欣赏它精准运作的机能。这些往日被冠以"生冷"、"毛骨悚然"的技术制品，从 19 世纪初开始陆续走入了英国人的日常生活，作为供人欣赏的物件。逐渐地，英国人对艺术化的技术形象能够欣然接受，而对于粗野的、原生态的技术面貌也见惯不怪了。工业技术逐渐走入英国民众的审美范畴之内，成为稳定要素。

18 世纪末至 19 世纪初，英国已经成为一个初具"现代"特征的工业化国家，民族主义、理性务实精神、工业技术产品和形象充斥着英国社会的方方面面。它们渗透至审美意识领域，引发了社会范畴内的审美风尚的转向。

图 1-25　剑桥大学国王学院

1.4.2　建筑美学的民族意识觉醒

18世纪末到19世纪初，英国社会审美风尚的整体转向，投射到建筑界，其主要表现便是英国建筑界对建筑美学的民族特征寻求。

在民族主义和自我认同意识高涨的情势下，英国人自诩为真正的古希腊、古罗马人的后裔，延承了最优秀的文化传统，在建筑领域掀起了民族化审美取向的热潮。这一时期的英国建筑界可谓是热闹非凡，实用主义的余威、帕拉迪奥主义复兴、哥特建筑的反思等等，都构成了英国建筑界纷繁的建筑风潮，在此期间也涌现出了莎夫茨伯里、约翰·范布勒、霍克斯·莫尔等英国建筑史上重要的建筑大师。虽然他们致力于不同风格的探索，但核心都指向了民族特征的寻求。

早在15世纪，英国便试图寻找一种属于自己的民族化建筑风格。当时由于欧洲文艺复兴和启蒙运动的影响，英国建筑界萌生了从意大利、拜占庭，尤其是法国的"罗马风格"或"哥特模式"中走出的念头，逐渐从"盛饰式"哥特建筑，向"垂直式"英国化风格转变，例如在国王赞助的国家性建筑里：伊顿公学、温莎堡的圣乔治小教堂、剑桥大学的小教堂等等。剑桥大学国王学院（图1-25），淋漓尽致地体现了垂直式建筑风格的特征，它把直线和水平线加以综合运用，具有简朴清晰的线条感和宽大明亮的内部空间。这种突出垂直感的建筑不过分强调风格的血统，更注重垂直线条对结构和形态的展现，是完全英格兰化的建筑。

图 1-26　草莓山别墅

　　当英国社会的民族主义风云再起，英国建筑界再掀寻求民族化建筑特征大潮时，建筑师们自然而然地将关注点锁定在"垂直式"哥特建筑方面。事实上，从 17 世纪中期，一些具有民族意识的建筑师便开始对哥特建筑进行研究，并发展至 18 世纪的哥特建筑争论。例如，建筑师莎夫茨伯里（Earl of Shaftesbury）是早期关于英国建筑民族特征探索的代表，他呼唤一种民族形式的建筑，明确支持哥特建筑的优越性，肯定它们"简单"的优点。

　　莎夫茨伯里正式引发了建筑学界关于哥特建筑的争论，在随后不久的时间里建筑师霍勒斯·沃波尔（Horace Walpole）将对哥特建筑支持转化为切实的实践。在特克海姆（Twickenham）修建了的草莓山别墅（Villa of Strawberry Hill）——18 世纪新哥特建筑（图 1-26）。这幢建筑在英国建筑历史上拥有不可动摇的地位，它不仅是后来"哥特复兴"的先行军，也是英国建筑革新精神的一个物化产物，成为当时乃至今日建筑学者的朝圣之地。在对这幢建筑的说明中，沃波尔首次将"哥特建筑"与"功能主义"结合在了一起，他认可当时英国建筑界功能主义（或被称为实用主义）的观点，认为它有潜在的巨大力量："事实上，我不会以功能上的舒适合理和装饰上的时尚华丽为代价"。[1] 并宣告，他整合英国大小教堂中的构件、顶棚、窗、门等功能部件的动力，就来源于功能主义的观点。同时，他还指出草莓山别墅，不是昔日的哥特建筑，"即使对真正哥特人来说，这些房屋也是独创而非模仿"，而是来自他的"爱国主义和大手大脚"的"自己的风格表达"。

1　Horace W. A Description of the Villa, Twickenham, Middlesex [M]. Oxford: Oxford University Press, 1874(4): 3.

沃波尔的草莓山别墅通过开创性的实践，证实了哥特建筑与民族特征、功能主义之间的关联，虽然"他超越的仅仅是他那个时代的时尚潮流，但是他试图与哥特式风格之间建立某种联系的愿望，直到 19 世纪才算有了一些结果"，[1] 但它对于即将到来的哥特复兴和其中孕育的技术美学理念有着不可忽视的先声作用。

另外，在此时期，英国建筑师威廉·钱伯斯（William Chambers）高调的提出，建筑是一个能够体现民族性的构架，它不仅可以增添民族荣耀，提高公众鉴别力、激励手工业与商业的发展，还可增加经济效益。还认为"哥特建筑结构较古希腊、古罗马优越"。最后钱伯斯将这些观点集结到自己的书中，献给威尔士王子，以正式宣称他的主张：从民族的观点去认识哥特建筑，向世界宣布英国建筑的精华。

18 世纪末到 19 世纪初，英国建筑师已经意识到哥特建筑中包含着英格兰民族的建筑特征，并且带有一定的功能主义色彩，他们为寻求英国民族化建筑特征所做的努力，直接为 19 世纪的哥特复兴建筑运动埋下了铺垫，孕育了英国建筑技术美学的萌发。

总之，英国建筑对于自我风格的寻找由来已久，在 18 世纪末到 19 世纪初的这段时间里，建筑美学的民族特征寻求更是越演越烈，成为建筑界的主旨。期间充斥着各种流派、思潮，也不乏对立思想（例如，莎夫茨伯里和范布勒就对巴洛克风格争论不休）。然而，有些流派则伴随着时代的进程淹没在历史尘埃里，如帕拉迪奥风格；有的则顺应了时代走向，不断壮大，例如"关于哥特建筑及民族特征的反思"，蕴含着对于哥特建筑和功能主义的理解，它在 19 世纪发展成为轰轰烈烈的英国哥特复兴建筑运动，直接衍生了英国建筑技术美学。

1.4.3 建筑美学的时代特征寻求

18 世纪末至 19 世纪初英国建筑另一个重要的美学转向，就是从古典建筑风格美一统天下的局面，转向了以建筑的理性美和实用美为主导的局面。如果说建筑美学的民族化转向，是英国民族主义萌发，是建筑界有识之士对现代社会的政治、文化和社会整合做出的合理回应，那么，建筑美学的时代转向则是在这一整合力量之上，谋求通往现代建筑美学的直接途径，这一过程点亮了英国的建筑界，并在日后通过英国传遍了西方世界。

如上文所述，18 世纪末到 19 世纪初的英国，已经缓缓步入了现代社会，

1 Anthony S. Paris: An Architectural History [M]. US: Yale University Press, 1996: 109.

图1-27　杜维士美术馆

整个社会蓬发着新时代的气息——理性和务实的精神。虽然理性和务实精神在英国由来已久，但由于建筑领域长期居于贵族影响之下，这一精神在相当长的时间内未能占据英国建筑界的统治地位。在 18 世纪末，理性和务实精神终于开始广泛地渗透到英国正统建筑界，许多具有时代精神和先锋意识的建筑师，更多地追求建筑的理性表达、更注重建筑实际效能的实施、更关注建筑的经济性能，大刀阔斧地探索一种适应新时代的建筑表达方式。

在此方面，建筑师约翰·索内（John Soane）可谓是英国正统建筑界中摆脱传统建筑风格约束的表率，被称为"18 世纪末的世纪之交时，最重要的过渡时期人物"。他创作的英格兰银行（the Bank of England）、银行股本办公楼（Bank Stock Office）、杜维士美术馆（Dulwich Picture Gallery）（图 1-27）都具备典型的新时代理性精神。

例如，索内于 1788 年接手英格兰银行建筑设计。该建筑被佩夫斯纳称为"对于大多数人而言朴素得令人震撼。"[1]它的内部墙壁平滑简洁，直达拱顶，装饰的线脚被一再地缩减。拱从扶壁上升，只在尽端处与拱顶相接，关系简练而明了（图 1-28）。这些处理在当时是史无先例的，它不受任何建筑前例的约束，带有浓郁的新式建筑设计的味道。

在银行股本办公楼中，索内同样设计了一个与传统大相径庭的建筑。在这个建筑中，壁柱没有柱头；窗子没有厚重的外边框；圆形穹顶的一部分变成了平顶；中央空间连续支撑拱的运动感被一个穹顶打破，它犹如一个茶托，盘旋在半空中。此外，该建筑中还有索内对于技术创新的渴望。他在穹顶中

1　Nicklaus P. An outline of European architecture [M]. London: Penguin Ltd, 1968: 373.

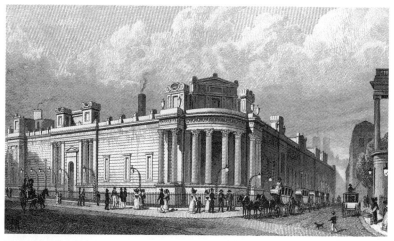

图1-28　英格兰银行

图1-29　银行股本办公楼室内

运用了重量比较轻的土罐状陶土管，并简化了穹顶的装饰词汇，引进穹顶采光技术，室内更加明亮。（如图1-29）索内将设计重点放置到如何营造一个更经济、亮堂、实用的建筑上来，颠覆了古典建筑的形式传统，传达了一个新的理念：简约、理性的新时代风格。

　　这一理念不仅在索内的建筑中有直观展示，在他的论著更是有明确地表述。索内在创作生涯之初著写的《建筑的平面、立面、剖面》（Plans,Elevations and Sections of Buildings）一书的引言中谈道："装饰应该是简单的，在形式上是规则的，要有清晰的轮廓线，所有这些都用来强调建筑的功能与个性"；"'平面的适用性'是比优雅的立面更为重要的事情"。"我的目标是把室内的便利与舒适与室外的简单与统一结合在一起"。[1]从他的论述中，很明确地看到了索内对建筑实用性、经济性的看重，强调平面胜于立面，功能胜于装饰，流露出与雷恩类似的实用主义美学倾向。

1　Nicklaus P. An outline of European architecture [M]. London: Penguin Ltd, 1968:187.

　　虽然，索内的作品仍然时常被后世冠以法国新古典主义风格、英国浪漫主义风格等等标签。但他作品中传达的内容和他的观点带有强烈的功能主义的痕迹，并具有接受技术革新的形式伏笔和心理准备。因此，他的立场可定义为，"对于技术进步的信仰和古典风格的混合体"。索内反对过分装饰、强调实用功能、重视建筑平面胜于立面装饰的理念，使他成为新时代精神的探索者。在这过程中，索内不可避免地遭受到来自同时代人的尖锐批评，但他却以贯穿建筑创作之中的理性和务实的精神触摸到了这个时代的敏感之处，在英国实践了一种试图脱离古典风格，而谋求新风格的建筑探索。也正是因为他对时代需求的呼应，使他的建筑在国际现代建筑进程中占据着主流的位置，而其理性、务实的内涵对英国建筑技术美学的生成具有直接的敦促作用。其中，索内的"平面比立面重要"的观念更是革新立场鲜明，对接下来的英国建筑技术美学的发展以及现代建筑产生了不可抹杀的影响。

　　对于时代特征的寻求，是贯穿于英国建筑技术美学谱系演变的关键动力，它在各个时期都起着至关重要的作用。作为英国建筑技术美学谱系的源起阶段，18 世纪末至 19 世纪初的建筑美学时代转向，其过程是持续的，如同一涓细流，发源与此，却于 19 世纪中期到达了高潮，形成了以哥特建筑复兴、工业建筑实践以及工艺美术运动为主要脉络的英国建筑技术美学体系。

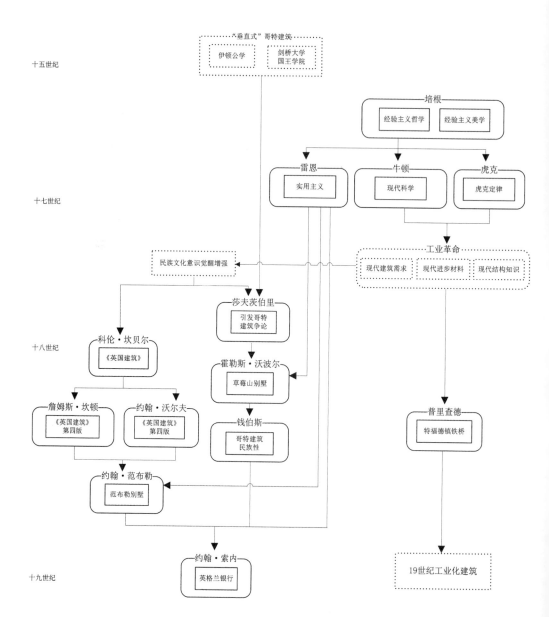

图1-30 英国建筑技术美学源起时期的子谱系图

1.5　本章小结

英国建筑技术美学谱系的源起，是一个由各种力量交织争战的漫长过程。自 17 世纪经验主义哲学为之奠定了理性基因开始，期间经历了近二百年的漫长探索，充斥着"现代"与"传统"两种力量的斗争；不同观念和思想的冲突；不同阶层的排斥与压制。但在历史的长河中，传统的源流、变革的清新之水、不同来源的清溪汇聚在一起，融合为一体，使原有文化体系自我更新，演变成一种新的文化。英国建筑技术美学便是这样的文化体系。

17 世纪中后期至 19 世纪早期的英国建筑技术美学源起过程，既是英国现代社会发展，投射到建筑领域的必然产物，也是英国特有的文化结晶。它与英国特定的社会历史环境密不可分，先天地具备英国的文化基因和民族性格，这使得接下来的英国建筑技术美学的发展始终保有独特的民族气质和美学追求，呈现鲜明的谱系特征，且历经多次时代更迭、历史变迁而保持固有的光彩（图 1-30）。

第2章　谱系的生发：
现代内核的非同一性构建

　　经历了漫长的积蓄过程，英国建筑技术美学的源头细流，终于汇聚成浩荡大河，奔腾而下，在19世纪生成了属于英国现代社会的新建筑美学——英国建筑技术美学。

　　然而，英国建筑技术美学的生发过程，并不是某一派建筑师的单独作用，而是基于英国全社会在新时代背景下的共同寻求。因此，英国建筑技术美学的生发过程，呈现一树多枝的谱系状态。

　　哥特建筑复兴，是英国最早明确提出技术美学理论的建筑活动。它从传统古典风格析出，是建筑学界自上而下的寻求。它鲜明提出了革命性、系统性的口号，对欧洲大陆产生了不可忽视的影响。但由于它终究未能脱离古典建筑的束缚，对于新材料、新技术的关注不足，后续发展空间有限，在英国建筑技术美学生发过程中属于谱系的亚枝。

　　工业化建筑中的技术美学，是英国建筑技术美学生发阶段的谱系主枝。它直接来源于工业革命的物质和社会成果，带有鲜明的革命性、时代性。由于它几乎完全脱离了建筑传统，颠覆了古典建筑的美学原则，在最初生成之际遭受到了强烈的压制和排挤。然而，在历史大潮的推动下，工业化建筑的技术美学终究被英国正统建筑学所接受，以其勃勃生机将英国建筑技术美学推向了历史巅峰。但它重实践，轻理论的模式，使其缺乏一定的方向性，在后期发展过程中出现散乱、迂回的局面。

　　英国的工艺美术运动，构成了英国建筑技术美学生发展阶段的谱系旁枝。它对主枝内涵做出有力支撑和修补：支持功能理性、反对繁复装饰、反对传统风格、呼吁美学革新，认为艺术应走向日常生活……这些内容不仅延续了亚枝的审美理想，更与主枝不谋而合。同时，工艺美术运动对技术美的辩证思考，对技术美学现代性的探求，使英国建筑技术美学上升到一个新的高度。

　　英国建筑技术美学谱系的生成过程，具备三个主要的分枝，三者并非严整的承续或并列关系，而是交错影响，互相借鉴，甚至互相抨击，这也使19世纪的英国建筑界呈现纷繁的论战图景。然而，斗争的结果不是一方吃掉另一方，或一方完全压垮另一方，而是在斗争中自我更新，最后融合成一种新文化。英国建筑技术美学便是三个枝桠历史冲突和斗争相融的结果。

2.1　亚枝——哥特建筑复兴

哥特建筑在英国从来没有真正的休歇过，自 18 世纪以来英国社会便弥漫着哥特复兴的气息，到了 19 世纪，哥特建筑的发展到达了一个高潮，史称"哥特复兴"或"维多利亚哥特复兴"。

19 世纪的"哥特复兴"与 18 世纪强调历史形式与浪漫感觉的哥特建筑不同，它更注重"真实性"的表达。它对古典建筑美学的有力反抗，对现代理性精神和英国民族文化的尊重，对材料、结构、装饰的理性态度，以及在建筑美学方面的革命性尝试，使其成为英国建筑技术美学生发谱系中重要一枝，并对其他两个分枝起了启蒙作用，甚至在 20 世纪中后期的现代建筑大师作品中仍然能明确地感受到它的影响。

英国建筑的"哥特复兴"在 18 世纪后期初露端倪，19 世纪 30 年代达到高潮，19 世纪中期走向全盛。其主要代表建筑师为普金、拉斯金和巴特菲尔德。他们三人的论著、实践构成了这一时期哥特复兴的主要体系框架。

2.1.1　普金：技术"真实原理"

奥古斯特·韦尔比·诺斯莫尔·普金（Augustus Welby Northmore Pugin）是英国哥特建筑复兴的核心人物，将哥特建筑复兴推向了历史高潮，其主要理论开辟了"真实性"建筑标准的理论先河，对接下来一百余年的英国建筑发展产生了持续影响。[1]

普金是法国流亡贵族奥古斯特·夏尔·普金（Augustus Charles Pugin）之子。其父曾参与过英国 19 世纪初哥特建筑复兴的图册编撰与绘制工作。普金一方面受其父影响，另一方面基于对天主教复兴的极度热忱，情迷于中世纪时期的哥特建筑。但难能可贵的是，普金超越了同一时代哥特建筑复兴的其他建筑师，不仅极具创作天赋，而且以一种辩证的方式将哥特建筑与 19 世纪英国的建筑美学需求联系在一起。

让普金引起英国建筑界普遍关注的是，1834 年英国议会大厦的重建以及随后引发的风格讨论。英国议会大厦在 1834 年遭遇了一场大火而摧毁殆尽。在重建过程中，引发了关于英国民族风格的讨论，最终筹建组委托普金进行装饰细部设计。普金怀着极大的热情，赋予该建筑一个哥特建筑的外形。（图 2-1）虽然不得不遗憾地说，这是一个带有失败成分的杰作，然而，这

1　Peter D. Pugin Pointed the Way [J]. Architecture Review, 1986(5): 21.

图2-1　英国议会大厦

座建筑开创了将哥特式风格用于世俗建筑的重要先例，也开始了普金对于哥特建筑的狂热追求。[1]

在随后的 1836 年，普金出版了一部著作：《对比：从 14 和 15 世纪建筑与当今宏伟建筑的比较看趣味的堕落》（Contrast：Or a Parallel between the Noble Edifices of the Fourteenth and Fifteenth Centuries and Similar Buildings of the Present Day; Showing the Present Decay of Taste），极大地促进了哥特建筑复兴。该书明确肯定和赞扬了建筑的真实性，奠定了他关于建筑技术美学的基本思想（图 2-2）。

普金在《对比》中从赞美哥特建筑开始，继而展开对希腊神庙的抨击，不能容忍后者将木构形式强加到石头建筑上的荒谬做法。他认为："希腊建筑本质是木结构的，它起源于木构建筑……然而，希腊人着手用石头建造的时候，他们却没有从这一材料中发现与木构不同的新的建造方式，这难道不是怪事一桩？"[2]

在 19 世纪上半叶依旧充斥着对于古希腊建筑迷恋之情的英国，普金的论断不可不说是一个富有勇气的革命。而更加具有开创价值的是，普金旗帜鲜明地就哥特建筑提出了"真实性"的美学观点，他认为建筑的美并非来自于所谓的风格和虚张声势的古典造型，而是踏踏实实地来源于建筑的"功能"。他说，"检验建筑美的最重要标准，是设计与所需要用途的恰当匹配。"[3]普金对建筑"真实性"的提出，给当时英国建筑界乃至欧洲建筑界都带来不小的震荡。虽然反对者众多，而且反对言辞激烈，但普金的思想却迎合了英

1　Kenneth P. World Cities London [M]. London: Academic Editions Great Britain, 1993: 60.

2　[美] 肯尼思·弗兰姆普敦. 建构文化研究——论 19 世纪和 20 世纪建筑中的建造诗学 [M]. 王骏阳，译. 北京: 中国建筑工业出版社，2012(2): 42.

3　Phoebe S. The sources of Pugin's Contraste [J]. London: Concerning Architecture. Essays on Architectural Writers and Writing presented to Nikolaus Pevsner, 1968: 120.

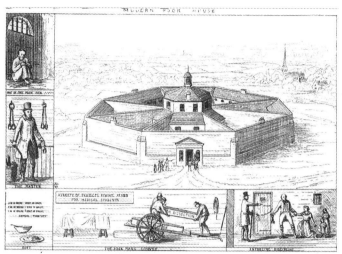

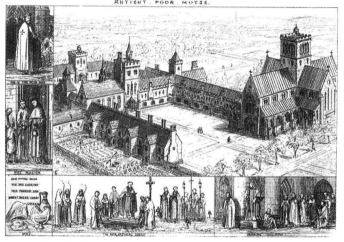

图 2-2 《对比》插图

国建筑界寻求民族特征的渴望和追求真实理性的新思潮，因此他的理论书籍
成为这一时期最受关注的内容，其理论内涵也传播广泛。

在接下来的时间里，普金设计建造了近百幢建筑，其中多数是教堂，并
逐渐丰富和完善了自己的理论体系，相继提出令人信服的建议，最终将这些
成果在 1841 年汇结为《基督教尖拱建筑的真实性原理》（True Principles
of Pointed or Christian Architecture）。此书更加鲜明、激进甚至略带疯
狂地赞扬中世纪的哥特建筑，以及相应的建筑"真实性"原则。

在普金理论体系中，建筑有两个基本原则：其一，一个建筑如果没有便
捷的功能、结构和比例，它就是不具备特征的建筑物；其二，建筑所有的细
部必须尊重建筑结构，建筑的装饰应该丰富建筑的本质结构。[1] 在这个原则

1　Augustus W. The True
Principles of Pointed or
Christian Architecture [J].
London: 1853(2): 31.

指导下，书中对建筑的结构和构型，建筑材料，建筑装饰以及气候、民族特征都从"真实"的角度进行了讨论。

在建筑结构和构型法则上，普金认为功能与美观合二为一的哥特建筑结构要素则值得赞扬，尖拱、飞扶壁和交叉拱顶（groin vault）在建构方面有优秀的功效。因为，交叉拱顶不仅轻巧，而且能将技术与美学统一于一体，具有陡然向上的视觉力。而"对称本身就令人厌恶"，因为单纯的对称不符合自然的有机原理，只是谋求视觉上的舒适。因此，在普金设计的建筑中，不存在对称的规则性，也不存在如画风格的非对称性，而是直接从功能到平面，从平面到室内空间体量，再从室内空间体量直接到外部建筑形体，最后确定建筑的形体。

在对待装饰的态度上，普金的"真实性"观点十分具有开创性。他认为，装饰必须遵从于功能，是"恰当"的装饰。例如，"中世纪建造者们设计的平面既赏心悦目，又符合使用目的，装饰是后来才有的。"[1] 普金对哥特建筑中的装饰推崇备至，认为哥特建筑的装饰是建立在建筑功能之上生发出来的，并具备真实自然的美感，而这一美感优越于古典建筑。因此，哥特的美"是符合自然的美，能够给人心灵的震撼。"[2]

对于建筑的装饰问题，普金为哥特建筑结构和装饰构件制定了基于功能的构造法则。他推崇教堂应该是使用坡屋顶的尖顶建筑，而且，坡屋顶为60°的等边三角形为最佳，因为这样不仅可以方便清除屋顶积雪，还不能破坏瓦片固定。同样，他对建筑的装饰线脚也有详细的分析，倾斜的层层挑出的轮廓有利于防止雨水进入建筑缝隙，而平屋顶或没有出挑的坡屋顶则容易堆积雨雪。

在建筑材料真实性的问题上，普金认为：材料是作为结构与构造的决定性因素，这也是他思想的核心。而且，建筑材料必须根植于气候和民族文化特征，这才是唯一"真实"的建筑学原则。而中世纪的哥特建筑恰恰是将各种材料的自然特性全部真实展现的典范。

可见，普金对于建筑规则和美学评价标准的修改是全方位的，而不再局限于以往的风格纷争。他的建筑"真实性"规则触及了古典建筑和现代建筑的本质差异：建筑要忠诚于材料和结构，而非预先制定的风格和构图；建筑要以功能为生长点，而非被外观所控制。在这个规则下，优秀的建筑师则应该能够将矛盾转化为在"实用的平面上升起如画的立面"。这显然与古典建筑大相径庭，但在普金看来，却是真正"美"的建筑，因为它遵从了建筑的本质自然。如圣吉尔斯教堂（St. Giles Plan Cheadle, England）。由此，

1　A W N Pugin. The True Principles of Pointed or Christian Architecture[J]. London: Academy Editions, 1973: 4.

2　Phoebe S, Augustus W. Macmillan Encyclopedia of Architects.[J].Architeure Journal, 1986(3): 489.

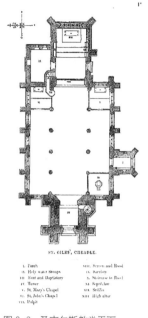

图 2-3　圣吉尔斯教堂平面　　　　图 2-4　圣吉尔斯教堂

一套新的建筑的规则、美学的标准，都在普金激烈的言辞和系统化的理论下改写了（图 2-3、2-4）。

　　而这一套新的建筑规则和标准，不仅在当时引发了建筑师们对材料和结构真实性的关注，掀起了英国建筑界哥特建筑复兴的高潮，对英国建筑界乃至国际现代建筑的影响也十分深远。一方面，半个世纪后的威廉·莫里斯追随他的思想，进行了轰轰烈烈的工艺美术运动，倡导艺术对生活自然本质如实地呈现；欧洲大陆建筑师如森佩尔等人也深受影响，在普金真实性原理的基础上，形成了自己的"建构"理论体系，提倡技术形象与结构、材料、工艺真实自然地融合；另一方面，普金的思想渗透到英国建筑学的理论体系中，其潜在影响持续至今，历时 150 年有余。今天，它仍对当代英国建筑的结构创作有着不可忽视的作用。例如英国建筑理论家佩夫斯纳认为，格构的建筑骨架已经成为英国建筑的一个传统，这在阿鲁普（Arup）、理查德·罗杰斯、尼古拉斯·格雷姆肖等建筑师的作品中，依旧沿袭着（图 2-5）。而上述若干内容，均属于英国建筑技术美学的谱系范畴。也就是说，普金的贡献不仅仅在于将哥特建筑复兴推向高潮，更在于他的建筑"真实原则"理论对后世的影响，成为英国建筑技术美学谱系中最早的理论体系，为该谱系奠定了最初的理论基础，也繁衍了后世的代系（图 2-6）。

图 2-5　茵茂斯工厂

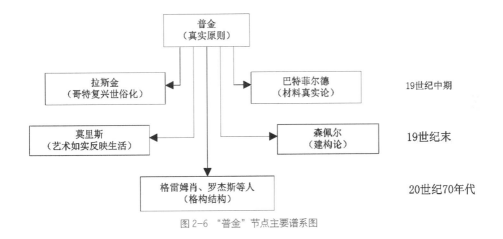

图 2-6　"普金"节点主要谱系图

2.1.2　拉斯金：理性建筑的美学标准

英国哥特建筑复兴的另一个代表人物是约翰·拉斯金（John Ruskin）。普金对哥特建筑复兴的动力，来自于对天主教盛期——哥特时代的怀恋，其语言带有浓重的宗教色彩。而拉斯金则将哥特建筑复兴从宗教化转向了世俗化，同时还以哥特建筑为范本建立了建筑的美学和道德标尺，将"建筑"与"社会"有机联系起来，使英国建筑技术美学具备了社会属性，初具现代美学的基本特征。

拉斯金在哥特建筑复兴中，力求建立一种新的建筑规则，其理论主要集中在代表著作中，如《建筑七灯》（The Seven Lamps of Architecture）和《威尼斯之石》（The Stones of Venice）（如图 2-7）。书中犀利的观点、格言式的语言，以一种压倒式的语言风格表达了他对于 19 世纪中期英国建筑发展的期盼。他为这个时代的建筑设立了新的标尺，并认为曾经的哥特建筑是符合这个标尺的典范，今天的建筑应当一定程度上复兴哥特建筑，成为

图 2-7 《威尼斯之石》

优秀的建筑。

首先，拉斯金对古典建筑美学标准提出了质疑，对新时代所出现的建筑类型提出了建立美学新标准的建议。

拉斯金对古典建筑形式法则推导出来的美学标准和构图规则，进行了尖锐的声讨。他声称，只能接受那些具有人的特征起源的规则，或是那些具有材料合理性的规则。并提出，对这个时代所出现的新现象、新事物应当予以重视，因为，基于过去事件中的那些原理与规则，没有哪一个不是随着新条件的出现，或是新材料的发明而转瞬即逝的。

工业革命改变了英国人的生活面貌，新时代徐徐到来。这在今天我们看来的显著事实，在拉斯金的时代却是一个渐进发展的过程。而拉斯金的杰出就在于他敏锐地嗅察到了时代更迭的气息，并且明确指出了时代与建筑美学标准之间的必然联系，旧规则即将消逝，新规则亟待建立。

对于建筑美学新标准的建立，拉斯金将关注点放置在"铸铁"身上。拉斯金对铸铁的态度十分矛盾。他在许多言论中表示了他不喜欢铸铁这一材料，但是，他仍旧意识到这也是一种有着无限前途的材料："即使是随便说说，我们也没有理由认为铸铁不会像木料那样好用；很可能一种新的建筑规则体系，一种完全采用金属结构的体系，将会被建立起来的日子已经为期不远了。"[1] 拉斯金预见到铸铁将会成为下一个时代的材料主导，它会像曾经的木材那样广泛地应用。而且，铸铁势必会建立起自己的美学体系，对古典建筑的木、石建筑构成的美学体系形成冲击。可以说拉斯金的态度是客观理性的，他对尚且粗糙、简单的铸铁材料，一方面斥责它美学表现的不成熟，一方面也对其未来发展潜力予以充分肯定。

1 Anthony S. Paris: An Architectural History [M]. US: Yale University Press, 1996: 109.

对于工业化的建筑，拉斯金也同样采取了比较客观的态度。虽然他依旧对此没有好感，但同时却也承认，如果完全从它的功能出发去考虑问题，铁路建筑也能够获得"自己的高雅与尊贵"。"高雅"与"尊贵"向来是传统建筑界的美学用词，而拉斯金此处用来形容工业化建筑，流露出他对其所具有的"美"的客观承认。同时，拉斯金承认工业化建筑可以通过"功能"的实现来达到审美的目的，则肯定了"功能"与"美"的必然联系，触动了建筑技术美学的本质内涵。

拉斯金对于建立建筑美学新标准的倡导，在英国社会上产生了很大的影响。虽然在 19 世纪中期的英国社会，工业化建筑已大量出现，并已经流露出比较丰富的美感，但其开启的建筑美学体系，仍然未被提及。于是，拉斯金的主张引起了轩然大波，也获得了许多追随者，如詹姆斯·弗格森（James Fergusson）、威廉·莫里斯等人，他们受到拉斯金的启发，在建立建筑新美学标准的路途上走得更远，并最终使英国建筑建立了基于理性、功能、实效的新美学标准，并发展成为较完备的美学体系，即英国建筑技术美学。

其次，拉斯金以哥特建筑为典范，就建筑美学新标准进行了格言式的限定。

在他的《建筑七灯》中，建筑每一盏灯代表一个问题：祭献、真理、力量、美观、生命、记忆、顺从，其中"美观"是一个专门涉及美学问题的概念。

对于建筑美学问题，拉斯金提出需要防备"建筑谎言"：

第一，一种结构或支撑之模式的表现，而不是真实的结构与支撑本身。

第二，通过建筑表面上的油漆去表现其他材料，而不是其实际使用的材料（如在木材表面上表现大理石），或者是在表面上的欺骗性的雕塑装饰。

第三，使用任何铸铁的或机械制作的装饰构件。[1]

三种建筑谎言的提出明确勾勒出，拉斯金所期望建立的美学新标准：表现真实的结构，要求结构的可读性；表现真实的材料；反对工业化（虚假）装饰，提倡有机、手工装饰的使用。

在此基础上，拉斯金开创性地提出了建筑应具备的社会道德，提出建筑、装饰与社会状态之间的基本关系："好的建筑是一种健康的社会结构的表达"。[2]

拉斯金建立了一个完美的哥特建筑形象作为建筑典范。他认为，哥特建筑结构明晰、尊重逻辑，对材料的表达贴近自然本质，在装饰上经济、实用。哥特建筑作为最优秀的美学范例，从理性角度而言是唯一能够被用于所有用途的建筑形式。另外，他还在《威尼斯之石》第二册中建构了"哥特精神"

1　克鲁夫特 H. 建筑理论史——从维特鲁威到现在[M]. 王贵祥，译. 北京：中国建筑工业出版社，2005：247.

2　John R. The Seven Lamps of Architecture [J]. Architeure Journal，1989(9)：29.

图 2-8　拉斯金推崇的哥特装饰

（The Soul of Gothic），认为北方的中世纪是一个理性、充满创造和艺术气息的社会，因此哥特建筑是那个美好社会的文化代表。这种关于社会道德性的思想，表面上看是对哥特建筑建造劳动过程的效仿，实际上却触及了劳动者与劳动对象之间的动态关系。在二者之间建立健康、良好的关系成为拉斯金为现代美学奠定的又一重要基础，这也直接对莫里斯产生了影响，并经由他发展成英国建筑技术美学的核心内涵。

拉斯金所尝试建立的理性建筑和它的美学标准，可谓影响广泛。它作为英国建筑技术美学谱系中的早期代系，不仅在建筑领域对后期的英国和欧美大陆建筑界产生了深远的影响，而且还将"建筑与社会道德"理论扩展到了社会政治领域，启发了许多伟大的历史革命家。

例如，在建筑装饰问题上，拉斯金在"革命性的装饰"一篇中，提出了装饰解放的概念，认为装饰在技术上和功能上可以从建筑中解放出来。装饰应当遵从自然的形式，并从叶子的形状，探索了装饰的规则，规划了"严格的几何秩序与对称"（severely geometrical order and symmetry）装饰构图规则（图 2-8）。美国建筑师路易斯·沙利文（Louis Sullivan）深受影响，他的建筑装饰理论便来源于此。而拉斯金在建筑美学规则中加入的道德的标尺，不仅对后来的莫里斯等英国建筑师产生了积极的影响，而且在美国落地开花，启发了美国新哥特主义时期的建筑美学，对弗兰克·劳埃德·赖特早期的建筑创作起到了一定的影响。而更值得一提的是，他的"建筑与社会道德"思想影响甚至渗透到了一些

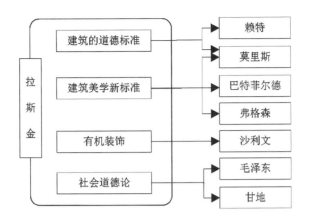

图 2-9 "拉斯金"节点的谱系图

政治界和社会革命家的身上。这些人包括印度革命家圣雄甘地（Mahatma Gandhi）和中国的革命领袖毛泽东（图 2-9）。

综上所述，拉斯金在 19 世纪中期，以复兴哥特建筑为基点，呼唤新的建筑美学标准：健康社会的建筑，材料的真实性，结构的诚实性，装饰的有机性，工匠个人的手工工艺（相对于机械的产品而言），等等。事实上这亦是日益显露头角的英国建筑技术美学。

2.1.3 巴特菲尔德：材料"粗犷之美"

拉斯金将普金的理论世俗化、普及化，通过建筑理论界的影响将哥特复兴向英国全社会推广，而巴特菲尔德则在实践领域与拉斯金交相辉映，共同将哥特复兴推向全盛。正如美国建筑史学家特拉亨伯格所说：在英国这场轰轰烈烈的哥特建筑复兴中，"如果没有拉斯金的论著，和巴特菲尔德的建筑作品，几乎是不可想象的。"[1]

英国建筑师威廉·巴特菲尔德（William Butterfield）少言重行，是一位在建筑理论界较少被关注的建筑师，然而在哥特建筑复兴的实践领域，做出了杰出贡献。巴特菲尔德对于材料的理解和表现，透彻而又激进；对于形体和内部装饰的处理，理性中透露着张扬。他将建筑材料的艺术表现力发挥到了极致，大胆地运用材料，展示材料的"原生态"面目，并且成功地在材料的"原生态"和"艺术态"之间获得和谐，使哥特建筑对于材料的表达上升到一个更加革命性的高度。

巴特菲尔德一生致力于英国哥特建筑的复兴，作品颇丰，先后共设计

1 [美]马文·特拉亨伯格，伊莎贝尔·海曼.西方建筑史——从远古到后代[M].王贵祥，青锋，周玉鹏，包志禹，译.北京：机械工业出版社，2011：467.

了 100 余座教堂，其中位于伦敦玛格丽特大街的万圣教堂（Church of All Saints），是一个在哥特建筑复兴中不可忽视的里程碑式建筑，它开启并定义了一个新时代。

万圣教堂的突出在于它对材料的"原生态"式表现上，而非平淡的再现。这一内容渗透在该建筑的各个方面。

万圣教堂的造价在当时的英国建筑界是令人惊异的，一共花费了 7 万英镑。与之相比，普金设计过的最昂贵的教堂也没有超过 4 万英镑。然而，更让人诧异的是，如此奢侈花销的建筑却采用了当时看来最为低贱的材料——砖。在 18、19 世纪的英国，从来没有一位建筑师会将砖运用在庄重的纪念性建筑中，即便是有小范围的应用，也会对其进行掩饰，处理成石材的效果。然而，在万圣教堂中，巴特菲尔德"变本加厉"地夸张这一材料，丝毫没有掩饰和刻意美化。这正是秉承了普金的材料真实观念和拉斯金"反对材料的虚假饰面"的建筑美学新标准。

在建筑外部立面上，巴特菲尔德追求砖的真实显露，致力于表现砖本身的生动色彩和肌理。他不仅让砖的材质和纹理充分地暴露，而且采用红色的材料穿插在黑色的砖墙体上，如同系上了两条饰带，让黑色、粗糙的砖墙更加的醒目，不容忽视。此外，巴特菲尔德还将砖墙体的顶部处理成锯齿形，在形态上突显砖墙体。因此，墙体的材料效果成为该建筑最为引人注目的因素。它一反常见纪念性建筑华丽、细腻、典雅的状态，追求一种粗犷、朴素的材料感受（如图 2-10、2-11）。

在建筑形体处理上，这座教堂同样异乎寻常。巴特菲尔德并没有把这幢教堂舒展地铺展在玛格丽特大街旁宽敞的用地上，而是采用了极其陡峻而垂直的比例，将每个建筑构件体量都挤压在了一起，所有巨大的砖砌体积都互相堆叠，显得局促不安。它们的压倒性气势将庭院衬托得十分狭小，而高高耸立的塔楼显得十分突兀和张扬，流露出趾高气扬的态度。而这些在巴特菲尔德笔下，又因砖结构本身粗糙的肌理和修饰的彩带而得到强化。建筑外形和饰面为玛格丽特大街带来了强烈的视觉冲突。这是巴特菲尔德在普金和拉斯金理论影响之下，对哥特建筑复兴热情的极端展现。

在建筑室内装饰上，该建筑也是充斥着这种粗犷能量的张扬感。贴金的木质顶棚、抛光的红色花岗岩柱身、未经抛光打磨而又带有树叶雕刻的柱头，相互冲突出现，挑战着人们的视觉。材料的自然本性在这里得到了充分的释放。它们大胆地以原生态的姿态存在于建筑当中，甚至忽视了古典建筑美学当中最为重视的典雅与和谐。

图2-10　万圣教堂砖墙

图2-11　万圣教堂平面图

巴特菲尔德的万圣教堂引起了当时英国建筑界的强烈反响。虽然当时的英国建筑界已经充斥着哥特建筑复兴的言论和实践，但如此激烈、极端地抛弃古典建筑美学标准，大胆、直接地表现建筑材料，实在是令人讶异。

然而，万圣教堂在挑战传统美学内容的同时，恰恰建立了新的审美范畴，日后成为英国建筑技术美学中特有的表征。

事实上，万圣教堂所展现的材料表现力，在当时是争论不休的。英国建筑师乔治·埃德蒙·斯特里特（George Edmund Street），即从材料与构造为主要考虑因素，为砖筑建筑物上的水平彩色装饰带而辩解，他认为万圣教堂的丑陋是一种美学特点，是"有意识选择的丑陋"。[1] 而 19 世纪批评家的评价则非常不客气，他们将巴特菲尔德的技巧描写成"五花熏肉风格"，就连在今天的建筑史论界，仍然偶尔传来对此质疑的声音。

但在色彩处理上，巴特菲尔德吸收了普金对结构理性、逻辑性的重视，发展出将结构逻辑与色彩效果相配合的形式，并以此衍生出"结构配色"学派。这一理性的结构主义学派，其主要美学手法被称为"彩饰法"。"彩饰法"不仅可在 19 世纪中期的水晶宫等大型建筑中见到，在我们今天熟识的建筑，如蓬皮杜艺术中心、伦敦劳埃德注册公司、吾德大街 88 号等建筑中，均可见到用不同颜色区分不同结构类型的手法。

综上所述，巴特菲尔德的万圣教堂引起粗犷而真实、激进而丑陋的形象激起了英国建筑界的关注，也招致了众多非议和相互矛盾的评价。然而即便如此，它依然具有不可动摇的历史地位，它代表了当时英国建筑界和社会有关人士，对于革命性和创新模式的追求，代表建筑界期待着一种既有创新

1 [英]彼得·柯林斯.现代建筑设计思想的演变 ——1750 ~ 1950[M].英若聪，译. 南舜薰，校. 北京：中国建筑工业出版社, 1987: 155.

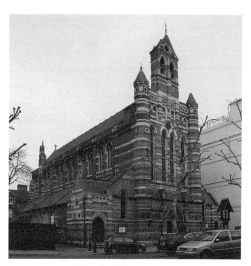

图2-12　圣奥古斯汀皇后教堂

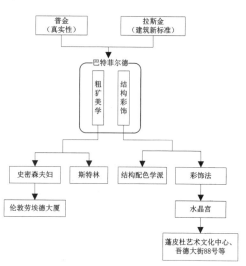

图2-13　"巴特菲尔德"谱系图

主张又有大胆表现力的建筑形式的出现：它既可以对当时英国社会上流行的矫揉造作的建筑风格形成冲击，又能够提供较为成熟的实践经验。圣奥古斯汀皇后教堂（Church of St. Augustine's Queen）、和牛津凯布尔学院的小礼拜堂（Kable College Chapel, Oxford）等建筑都是继万圣教堂之后的重要作品，将英国哥特建筑复兴向前有力的推进，从理论探索阶段走向了实践建造阶段，也为英国建筑技术美学体系的丰富进行了有价值的探索（图2-12）。今日仍然清楚可见在它影响下的，对于材料的偏爱，对于材料原生态面貌的重视，和将材料原生态转化为艺术态的手法，等等。在20世纪后半期，英国的建筑技术美学作品中，如莱斯特大学工程馆、伦敦劳埃德大厦中有着极为相似的表述（图2-13）。

2.2　主枝——工业化建筑美学革命

19 世纪英国的哥特建筑复兴为英国正统建筑界带来了新的美学气息，它呼唤建筑的真实理性，形成了一场美学变革，为英国建筑技术美学的生发打下了坚实的基础。然而，由于哥特建筑复兴的主要人物均来自于贵族阵营，他们本能地无法彻底超越存在了千年之久的古典建筑美学，因此他们建立的建筑美学体系仍然带有妥协的遗憾。

然而，19 世纪英国的工业化建筑却实实在在地掀起了一场建筑美学革命。随着工业革命的深入，工业化建筑的数量、种类、应用范围激增。一方面，由于它们的主创人员主要是工程师，较少受到传统建筑学的束缚，因此体现了较强的革命性和时代性；另一方面，工程师在 19 世纪中期主动地调整自己，在工业化建筑中注重对技术形式的审美表现；同时，建造工艺的提高、标准化制造的提升，都大大优化了工业化建筑的美学表达。因此，到了 19 世纪末，不仅英国社会对工业化建筑带来的技术美感已经欣然接受，而且建筑学界也出现了美学大讨论，导致阵营的分化。英国建筑技术美学，作为一个新生力量，在工业化建筑中生机勃勃地诞生了，构成了英国建筑技术美学的主要枝脉，它连同哥特建筑复兴的美学改革一起，使英国建筑技术美学的体系初具规模。

2.2.1　建筑技术美学的报春花——水晶宫

自 18 世纪中期，英国工业化建筑所带来的技术形态引起了社会和建筑界的关注。关于工业化建筑是否具有美感，也引起了各种探讨。

例如，工程师詹姆斯·内史密斯（James Nasmyth）在 1835 年提出了工业化建筑将会带来新的建筑景象。他说："我将向你们显示一种方法，将最优美的形式与最科学的材料，通过运用机器塑造形式的方法最为经济的结合在一起，在大多数情况下，最经济的材料处置方式，恰好能与这种以最优雅的外观展示在眼前的这种形式达成一致。"[1] 同样建筑理论家詹姆斯·弗格森（James Fergusson，1806 ~ 1886）指出："建筑师们固执地和迟迟地未能像工程师那样创造出新的形式这一点，使历史学家们特别恼火。"[2] 然而，即便如此英国建筑界在 19 世纪初依然对工业化建筑是否存在美，工业化建筑的美应当如何恰当地表达充满了疑惑。就连弗格森在接受采访时，

1 ［英］彼得·柯林斯. 现代建筑设计思想的演变 ——1750 ~ 1950[M]. 英若聪，译. 南舜薰，校. 北京：中国建筑工业出版社，1987: 107.

2 同上 122.

被问到应当如何表现他所谓的基于土木工程知识的"新形式"时，也无奈地说：不知道。

然而，1851年一幢建筑的建成让这些疑惑找到了清晰的答案，它不仅以自己的特有方式为工业化建筑的美学表达问题树立了一个标杆，同时也让之前散点式出现的工业化建筑技术美学要素，系统化、规范化起来，并在各个方面得到了极致的展示，这就是伦敦世界博览会建筑——水晶宫（Crystal Palace，1851）。这幢建筑被称作现代建筑的第一朵报春花，同时它也是英国乃至世界范围内的建筑技术美学的报春花[1]，它明白地昭示了带有现代气息的建筑技术美学的诞生。

（1）设计方式标准化

水晶宫的成功主要得益于它以现代工业所带来的新材料、新结构、新技术为依托，实施标准化的设计，带有快速、经济和新颖的特征，在紧迫的时间内完成了其他建筑师和建筑形式所不能完成的任务。

标准化设计带来的第一个优势就是快速。1850年初阿尔伯特亲王决定举办博览会，时间定在1851年5月，这就要求建筑从设计到使用，仅仅有一年零两个月的时间。在全欧洲的设计竞赛中，245个建筑方案，全部落马。它们要么不能满足时间要求，要么造价昂贵，要么没有足够的大型展览空间。在最后危难之际，园艺工程师约瑟夫·帕克斯顿（Joseph Paxton）与合作者，在8天内，拿出了自己的标准化设计方案（图2-14）。

水晶宫的设计完全按照一定的模数进行，其基本模数是：8英尺（2.44米），这是组委会要求的展位宽度；和长49英寸，宽10英寸（长1.25米，宽0.25米），这是当时所能生产玻璃的最大尺寸。水晶宫由五个展厅构成，为了更好地将建筑功能和标准模数对应，帕克斯顿将组委会提出的24英尺的展台宽度分为三段，每段尺寸为8英尺，以此与建筑表皮的凸脊与凹脊的距离——8英尺相对应。例如，中央大厅外墙之间的距离是120英尺（36.5米），其他展厅的外墙距离是72英尺（21.9米）。中央大厅的结构跨度是72英尺，其他展厅的结构跨度分别是42英尺和24英尺，等等。建筑内所有主要的结构尺寸都遵照4英尺见方的网格骨架。最大的结构桁架横跨中央大厅，长72英尺，次长桁架跨度为72英尺。应用最多的标准桁架跨度是24英尺。水晶宫的标准化构件，保证了建筑设计、建造施工和后期拆卸能够快速进行。这与传统建筑相比，体现了极大的速度优势（表2-1）。

标准化设计的第二个优势就是经济。预制的、标准化生产的技术构件，

1   吴焕加. 中外现代建筑解读 [M]. 北京：中国建筑工业出版社，2010: 12.

图2-14　水晶宫

圣保罗大教堂与水晶宫技术指标比较　　　　　　表 2-1

建筑	建筑面积	建筑面积之比	墙体厚	墙体厚之比	工期	工期之比
圣保罗大教堂	约 57153 平方米	约 2/3	14 英尺 （4.27 米）	1/21	42 年	1/128
水晶宫	约 93000 平方米		8 英寸 （0.203 米）		17 周	

大大节省了设计环节的开销，也为后续的建造营建缩短了工时，减少成本。同时，由于水晶宫主要采用的是当时英国社会常见的铸铁、精炼铁和玻璃等材料，造价相对不高。因此，总体积为 3300 万立方英尺的建筑，总造价仅为 34 万英镑，平均下来每立方英尺的建筑造价仅为 1 便士。这与当时英国社会上的纪念性建筑，动辄数千万英镑的花销不可同日而语。[1]

（2）建造过程工业化

一方面，标准化构件为建筑实体建造提供了便捷，另一方面，水晶宫建造过程的工业化也大大强化了这一优势。由于铁和玻璃等标准化构件均由工厂统一生产，因此在建造中非常适合采用工业化的装配技术。例如，该建筑均以玻璃作为外饰面，主体建筑为两层，中央大厅高三层。依靠人力运输、安装玻璃，耗时耗力。而且玻璃为易碎品，人力上下搬运很容易损坏玻璃，

1　Paxton and the Great Stove [J]. Architectural History, 1961(4): 92.

图2-15   水晶宫建造过程   图2-16   玻璃运输滑轨

造成不菲的浪费。因此帕克斯顿设计了一套工业化的建造模式。在设计之初采用凸脊与沟脊的玻璃构造，便于安装。他还设计了专门运输玻璃的推车和运输滑轨，让推车在滑轨上平稳地运行，避免玻璃损坏，减少人力劳动（图2-15、图2-16）。对于木条的上漆工作，帕克斯顿则费了一番心思。如果按照传统的人工刷漆方法，不仅要耗用众多人力，而且刷漆颜色和厚度难以保持一致。最后，他设计了一个独特的半工业化方法：先将木条放到盛满油漆的桶里，然后将它从固定好的刷子中间拉过，除去多余的油漆，这样就实现了油漆的均匀，而所用人力只需几个人便可以完成。

水晶宫建造过程的工业化，与标准化的设计相得益彰，大大强化了该建筑快速、经济、灵活的特征。也正是由于这些特征，水晶宫的建造过程仅用了四个月的时间。

（3）设备措施系统化

水晶宫的设备措施与古典建筑和早期工业化建筑相比，带有周密的系统化特征。例如，在落雨和排水问题上，帕克斯顿采用了竖直的铸铁管柱子，既可以承受屋顶重量，还可以作为落水管，调和了建筑功能和美观之间的矛盾。这个落水管构造设计，看似简单却非常巧妙、实用，在英国这个多雨的国家，落水管与柱体合二为一的形式一直沿用至今，在英国建筑技术美学的谱系里延续。例如在今天罗杰斯设计的英国威尔士议会大厦之中，仍然延续着这一做法。此外，屋顶上的玻璃安装在排水槽上，排水槽由木头和铁作支撑，上面的排水沟和雨水口都做在截面为宽5英寸、长6英寸的木条上。因此，水晶宫的排水设备是一个完善的系统，它不仅承担着整个建筑的排水功能，而且与自身的结构系统相互重合，表现了精巧的构思和缜密的系统性。

在通风问题上，水晶宫存在着一个难题。由于建筑全部以玻璃为饰面，其总面积达 100 万平方英尺（9.3 万平方米），它的内部温度是一个典型问题。对此，帕克斯顿采用了条状地板和墙上的可调节百叶。条状地板高出地面 4 英尺（1.22 米），架空的板下空间促进通风，并设有阻挡尘土的装置。同时还在墙面最高处安装了一排宽 3 英尺的百叶窗。这些百叶窗由镀锌铁板制成，通过一套由轮子和绳索组成的机械装置来操控。每一扇窗长度为 108 英寸，一套机械装置可控制两扇窗。通过这样的设备来保证大空间内的气流循环。

在当时的历史条件下，水晶宫的设备措施已经达到了十分周密和系统化的程度，它利用设计师的智慧和现代技术成果，合理地解决了这个巨大的玻璃温室内的排水、通风问题，展现给人们的不仅仅是一个新时代的大空间建筑，更是一个完整的技术体系。从设计构思、运输、建造、实际运作，在当时看来都表现得无比完善和周密。

（4）美学特征逻辑化

外观和结构之间的真实逻辑　建筑结构与建筑外观之间建立真实的逻辑关系是 19 世纪英国建筑技术美学所追求的要义。这一内容在 1851 年的水晶宫内得到了极致的展现，成为它最主要的美学特征。

在水晶宫这个建筑里，100 万平方英尺的饰面玻璃，3300 根铁柱，2224 榀大梁，1128 个支撑着走廊的支架，3300 万立方英尺的木地板等等，这些技术元素都是以本初的样貌出现在建筑当中，没有附加的装饰物和形态修饰。它们真实地表现了建筑技术体系本身，也真实地表现了建筑的建造方式（图 2-17）。

这种真实不同于哥特建筑复兴中的真实，它更进一步抛弃了古典建筑美学的束缚，完全以结构本身的逻辑为表现主导，结构即外观，结构即审美载体；以现代工业化材料和现代力学的理性逻辑为审美要素，突出表现了工业化的技术美。

此外，水晶宫体现出来的外观和结构之间的真实逻辑也超越了以往工业化建筑的表现。"真实逻辑"并非就是简单地暴露结构和技术要素，更需要有内在的构成机制和视觉秩序。水晶宫的标准化构件，以 4 英尺为构图格构，在纵横两个方向上延伸，形成了带有强烈秩序感和重复韵律的立面构图，强化了外观与结构之间的联系，也强化了结构逻辑的视觉感染力。同时，水晶宫对于全玻璃饰面的运用，不仅突出表现了玻璃这一看似透明、脆弱材质的

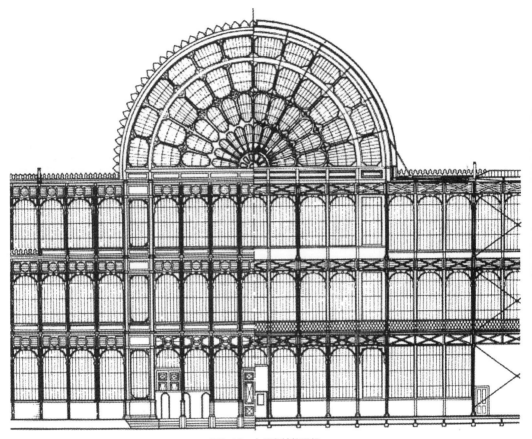

图2-17　水晶宫结构逻辑

坚硬、牢固特性，而且还将建筑的具体运作方式展示得一览无余，透彻地表现了建造的内在逻辑性。

色彩与结构关系的逻辑化　色彩运用的逻辑性也是水晶宫影响深远的美学特征之一。该建筑的色彩绝非单纯的美化装饰，更多是传达结构逻辑和建筑功能之间的关系。这得益于建筑师欧文·琼斯（Owen Jones）的色彩方案。

欧文·琼斯是受巴特菲尔德影响建立起"结构配色"学派的建筑师，秉承"彩饰法"。他曾经出版了《意大利的彩色装饰》（The Polychromatic Ornament of Italy）一书，提出了色彩与结构系统相协调的理论。在水晶宫的色彩方案上，他制定了一个色彩装饰计划，将整个室内选择性地用白色相间的红、黄、蓝色的色带涂饰。同时将结构体系按照功能分类，分别涂以颜色。例如，主体结构是淡蓝色的，交叉支撑部分涂成黄色，承重的柱子是蓝色和黄色的，桁架面向室内的一侧涂成了红色。因此，横向的色彩带和竖向的结构颜色，不仅为本来就宽敞透明的建筑带来了更丰富变幻的姿态，而且让该建筑结构体系的逻辑变得非常直观，理性而又多变，秩序之中带有浪漫。

图2-18 水晶宫展厅室内

彩饰法在水晶宫内将色彩和结构之间的逻辑关系发挥到了一个新的高度。一方面很好地强化了建筑所要突出的结构形象和逻辑关系；另一方面也让暴露的建筑结构走上了艺术的道路，具备了鲜明的审美效力。在这些井然有序的色彩中，建筑室内变成了名副其实的色彩斑驳的"水晶宫"。

空间与结构关系的逻辑化　水晶宫以现代工业技术为依托营造了一个大跨度、明亮的大型展览空间。与古典纪念性建筑相比，水晶宫的室内空间形态相对简单，但却在建筑结构和建筑空间之间体现出鲜明的逻辑性。

水晶宫作为一个大规模的展览建筑，它的空间主要特质便是通透和宽阔。伦敦的世界博览会在半年的展期中，共接待英国及来自世界各地的600万人，盛况空前。在陈列展品方面，共展出英国本土和海外的展品1.4万多件。几十吨重的火车头、700马力的轮船引擎都能够放在室内展览。水晶宫建筑内部空间之宽阔，令19世纪中期的人感到非常吃惊（图2-18）。而实现这宽敞建筑空间的结构在造型上非常简单与直截了当，完全从建筑的使用功能出发。建筑空间的唯一高潮来自一个筒形拱顶的耳堂，而筒形拱顶的存在则是为了容纳基地上原有的一棵大榆树，别无其他意图。因此，这幢建筑表现了非常鲜明"功能论"的空间和结构之间的逻辑关系：功能是建筑的主导，结构是为建筑功能服务的，它的形态和存在方式完全取决于建筑空间的使用性能，而装饰和风格可以在完成功能之余来实现，甚至可以完全不存在。

此外，水晶宫的展览空间缺少强烈的韵律，带有明确的延展性。大跨度的桁架和铁柱体系在塑造通透、宽敞室内空间的同时，不断重复、拼装，给人较强的可变更性和无尽延伸之感，在视觉感受上实现结构与空间内在逻辑的呼应。

（5）深远的美学影响

水晶宫的建立为英国社会各界，乃至世界各国都带来了不小的震动。

其一，它不仅是英国建筑技术美学的试金石，首次将这一美学内涵首次正式地、隆重地展示在公众视野之中，更为世界现代建筑开辟了新时代建筑美学的发展方向，成为现代主义建筑及技术美学的源头之一，在英国建筑技术美学谱系中，乃至世界范围内的建筑技术美学领域内占据极为关键的地位。

其二，水晶宫为工业化建筑的技术美学表达建立了一个标准样本，为英国乃至世界范围内的工业化建筑树立了一个从建造、材料、形态以及建材供应模式的杰出榜样，成为工业化建筑的先驱，而且明确展示了工业化建筑所特有的美学内涵，宣告了工业化建筑不仅具有技术美，而且是一种超越传统美学标准，符合新技术规则、新时代需求的全新建筑美学。

其三，水晶宫的建成引发了英国建筑界对于"技术美"的激烈讨论，促使日后建筑技术美学发展成为一个独立的美学体系与古典美学体系相抗衡，客观上推动了英国建筑技术美学的生发进程。

在水晶宫建成之后，英国的建筑界分化为两个基本阵营，一个阵营看到了水晶宫所带来的新时代技术美，例如，布切（E. L. Brcher）说道："这座建筑物……给人一种浪漫的美丽印象……当我们面对这座不是用固体的砖石结构建造的第一座伟大建筑物沉思时，我们会很快意识到，迄今为止用来衡量建筑物的准则在这儿已不再适用了。"[1] 同样，本奈沃洛（L. Benevolo）认为："水晶宫的重要性，并不在于解决了某些静力学问题，甚至也不在于预制构件的工艺过程和技术方法的新颖，而在于技术手段、获得声誉的愿望以及建筑物的表现意图之间所建立起来的新关系。"[2] 另一个阵营，则对水晶宫充满了敌意和疑惑。从水晶宫方案公布之日起，便称之为"怪物"、"黄瓜架子"等，并试图将之迁移到伦敦郊外。两个阵营争论的客观结果是将水晶宫所蕴含的"技术美"纳入到了建筑领域，使之成为与古典建筑美学相抗衡的新美学类型，尽管它仍然不被某些人接受，但却大大推动了英国建筑技术美学谱系生发的进程。

1 ［意］本奈沃洛 L, 邹德侬. 西方当代建筑史 [M]. 北京：中国建筑工业出版社，1999: 92.

2 同上，94.

图2-19　伦敦丘园

图 2-20　蓬皮杜艺术中心结构管线

图2-21　紫禁城延禧宫水殿

　　最后，水晶宫运用的许多技术成果、结构类型、色彩方案等内容，仍然在英国的建筑技术领域中一脉相承，影响着今天英国建筑技术美学的面貌和细节（图 2-19，2-20）。例如，上文提到的标准化、模数化的结构体系，建筑建造过程中的技术研发精神，体系化的建筑设备运营，暴露的技术形象，结构体系的彩饰法，等等。这些都蕴藏在接下来的英国建筑技术美学的谱系当中，成为英国建筑特有的技术传统。

　　额外要说的是，水晶宫的影响范围和力度似乎是难以估量的，就连当时处于西方文化之外、内忧外患的中国也出现了仿效水晶宫的早期现代建筑——隆裕太后的延禧宫水殿。遗憾的是由于国库亏空，它并未完工，未能为中国现代建筑的发展起到应有的作用（图 2-21）。这也是早期英国建筑技术美学谱系与中国建筑界仅有的一次擦肩而过。

2.2.2   "技术美"挑战"风格美"

从 19 世纪中期开始，水晶宫将英国建筑界引入了新的境遇。原来争论不休的状态依然还在，但矛盾的焦点却从自 18 世纪以来的"风格"之争，转向了"技术美"与"风格美"的激烈辩论上来。"技术美"的影响力日渐扩大，并且向长期统治英国建筑界的"风格美"发起了挑战。以"风格美"为主要特征的古典建筑美学的地位岌岌可危。

（1）"技术美"威胁"风格美"的理论权威

19 世纪中期之前的英国建筑界，反对工业化建筑"技术美"不乏其人，他们要么认为这些钢筋铁骨的架构根本称不上"建筑"，入不得建筑界的大门，不屑一顾；要么对其嗤之以鼻或严加痛斥，声讨浪潮迭涌。

然而，19 世纪中期英国建筑理论界对于工业化建筑的态度出现了转折，要么在摇摆不定的基础上承认"技术美"，要么则是有预见性地肯定"技术美"的进步性和时代性。

对工业化建筑所蕴藏的技术美持犹豫不决的态度，有选择地承认"技术美"，是此时英国建筑界最常见的状态，例如此时期在英国建筑界具有影响力的普金、拉斯金、弗格森、皮克特等建筑理论家，均持有这样的观点。

例如，普金一方面对经过耐火处理的铁框架结构厂房视为野蛮建筑，对此深恶痛绝；另一方面却又在自己的建筑中偶尔使用铸铁。到了 1851 年底，水晶宫的成功改变了普金的态度，他写道："在我们获取知识的过程中，错误总是不可避免的，对于这一点我已经深信不疑……仅仅几年前我们还十分满意的东西在今天看来已经令人生厌。"[1] 由此可见，普金虽然对工业化建筑不乏怀疑的情绪，但在时代发展的趋势下，也在生命弥留之际看到了工业化建筑所蕴含的进步力量。

同样，建筑理论家弗格森对待工业化建筑"技术美"的态度也在徘徊、矛盾中前行。弗格森承认结构的重要性，但却认为结构是建筑师手中的一个工具，如果把它放在优先地位加以考虑将是荒谬的：在真正的建筑中，结构总是处于从属地位；他反对历史折中主义，提倡新风格的崛起："一种新的风格无疑是必然的结果……应该是比以往所存在过的要更美好的，更完善的"。[2] 然而，他同时又对基于纯粹工程原则上，符合英国大众欣赏口味的建筑风格加以反对。

在此，我们清楚地看到了当新旧两种建筑美学交锋之际，建筑师们既渴

1　[英]彼得·柯林斯. 现代建筑设计思想的演变——1750 ~ 1950[M]. 英若聪，译. 南舜薰，校. 北京：中国建筑工业出版社，1987: 267.

2　克鲁夫特 H. 建筑理论史 - 从维特鲁威到现在 [M]. 王贵祥，译. 北京：中国建筑工业出版社，2005:249.

望革新，又摇摆不定的真实状态。然而，即便如此，弗格森的观点仍然将技术美学向前推进，他创新性地提出了"技术美"这一概念，并将之纳入到建筑美学体系当中来，这在当时英国建筑界引起了轰动。同时他还强烈倡导新风格的建立，宣称工程师的工作是英国社会最杰出的代表，大力推崇水晶宫，称之为"铁——玻璃艺术"的先锋。这些都表明了他面对"技术美"扑面袭来之时，敏锐的职业嗅觉和对建筑技术美的认可和接纳。

　　较普金、弗格森等人更进一步的是建筑师托马斯·哈里斯（Thomas Harris）。他在《英国建筑师学会交流期刊》（The Transactions and Journals of the Institute of British Architects）中明确提出了"技术美"的时代角色，他说："这个时代充满了革命的气息……钢铁作为建筑材料应当予以重视，而它的美学特征也不容忽视。钢铁作为房屋结构的材料，具有了不可估量的优势。我确信它在不远的将来，会成为普遍应用的建筑材料，而不是现在某些建筑师用来抛弃旧风格，临时抱佛脚的物件。他们（建筑师们）要么不顾材料的美感和艺术性，要么声称钢铁是在工程师掌控之下为了科学的目的而使用的，将这个世界搞得丑陋不堪。"[1]哈里斯的言论在 19 世纪中后期的英国建筑理论界可谓是一个重型炸弹，他激发了更大范围和更持久的"技术美"和"风格美"争论，更多具有进步思想和革新精神的建筑师和工程师加入到论战中来，与传统卫道士进行口水战。

　　尽管，英国坚守古典建筑美学的堡垒依旧存在，但在大范围和长时期的攻势下，出现了内部瓦解。于是，在 19 世纪后半叶的英国建筑理论界，"技术美"向"风格美"的挑战态势已经形成，"风格美"日渐衰落，"技术美"的势头逐渐兴起。

（2）"技术美"夺取"风格美"的实践阵地

　　19 世纪的后半叶的英国建筑界，"技术美"与"风格美"争战的硝烟同样表现在建筑实践领域。工业化建筑所带来的"技术美"拓展势力范围，从工业建筑走向民用建筑，从市郊走入繁华都市，向城市建筑挺进。

　　究其原因，一方面来自工业化建筑应用范围和影响力的扩展。19 世纪中后期的英国，社会的工业化已经达到了盛期，整个社会充斥着工业化建筑和各种技术用品，工业技术的形象已经渐渐渗透到社会的审美范畴当中。在建筑领域，纵然古典建筑美学的统治曾经多么根深蒂固，然而在全社会审美潮流的拍打下，在工业化建筑气势汹汹的冲击下，它已经无能为力坚守阵地，逐步地将势力范围拱手让给工业化建筑和它所蕴含的"技术美"。这一现象

1　Nikolaus P. Form William Morris to Walter Groupius. Pioneers of Modern Design[M]. London: Penguin Books Ltd, 1975: 96.

的产生，虽然伴随着反复、复杂的斗争，但却是符合时代趋势和历史进程的必然产物。

另一方面，建筑理论领域的论战，推动了进步建筑师和工程师在建筑实践领域对"技术美"的探索。在这一时期内，工程师在论战的压力下进一步反省自我的技术实践，努力在建筑创作中融入"美"的因素，而不是一味简单粗暴地裸露技术。而一些进步的建筑师也开始向工程师学习，了解工业化技术和材料的基本性能和优势，分析它们蕴含的美感。

一系列商业建筑陆续将工业化的技术形态展示在建筑外观上，探索着新建筑技术形态的美学表达。例如，建于 1855 年的格拉斯哥的牙买加街商业中心，采用了铸铁作为主要结构，虽然在临街立面处理上与其他"隐藏式结构"建筑一样，依然采用了传统的古典装饰元素将铸铁结构包裹起来，但在建筑的背立面则完全将之抛弃，将铸铁结构、楼梯、设备管道统统展示出来，并涂上明亮的颜色，以显示这一切是建筑师有意而为之。该建筑两个立面的鲜明对比，一方面显示出当时古典建筑美学法则的控制力依然不可小觑，同时也看出，当时英国一些进步建筑师渴望从古典外衣中挣脱的迫不及待。

另一个在建筑历史上占有重要地位的是 1865 年由彼得·伊利斯（Peter Ellis）设计的利物浦奥利尔会议厅（Oriel Chambers, Liverpool）。该建筑同样采用了铸铁框架、石砌墙体和平板玻璃，但在建筑的外观处理上却以温和的态度表达美学创新（图 2-22）。建筑中最为突出的部分便是窗子的处理。窗子采用厚的平板玻璃和细长的铸铁边框，一反以往窗子镶嵌在墙体内的做法，全部向外凸出，呈悬挑的姿态，因此该建筑又被称为"凸窗大厦"。由于连续的、纤细边框的窗子使该建筑表面的透明部分比例增加，透过这些玻璃窗，人们可以从外部依稀看见建筑内部的铸铁支撑结构。这使该建筑呈现出古典建筑所不具备的精致、通透、简约的工业化技术美（图 2-23）。

该建筑处理工业化技术所运用的美学手法，并不是激进地暴露技术，也不是对技术半遮半掩地展示，而是对工业化技术理性地表现，使建筑技术的美学表达方式既经济简约又不乏构成韵律；既充分展示技术又不过分粗野；既以功能为先又不缺失基本审美规则；既带有鲜明的时代特征又谨慎理性，而这些内容恰恰是数十年后欧美国家所推崇的建筑技术美学的内容，因此也被称作"难以置信地超越了它的时代"[1] 的建筑

"凸窗大厦"的建成引起了当时英国建筑界的关注，成为建筑师们争相学习和议论的中心，它为英国建筑技术美学的发展开辟了又一个新的途径。它作为该谱系中的关键案例，辐射力不仅延伸到了欧洲大陆，而且对大洋彼

1 Kenneth P. World Cities London [M]. London: Academic Editions Great Britain, 1993: 60.

图 2-23　凸窗大厦的窗子处理

图 2-22　凸窗大厦

岸的美国产生极其重要的影响，直接启发了 19 世纪末的美国芝加哥学派的建筑主张和美学理念的产生。

2.2.3　"技术美学"基本建立

19 世纪的后二十年至 20 世纪初，英国社会生活的各个方面处于平静发展的状态，商业、社会、政治都相对稳定。社会结构内部隐藏的现代社会的基本雏形，日渐显露出来，历史上称之为"唤醒 20 世纪的时期"。表现在建筑领域其标志是，建筑基本挣脱了长期统治的古典主义，转向对新建筑类型、新建筑风格的寻求。工业化建筑所带来的"技术美"逐渐成熟和系统化，英国建筑技术美学的核心结构基本形成。

（1）技术的持续创新，使英国建筑技术美学的物质基础愈加坚实。在 19 世纪的后二十年里，英国的建筑工业在工业革命快速发展的惯性下依旧保持着较高的发展态势，在建筑材料和结构方面不断有科学实效的技术发明问世，推动英国建筑和建筑技术美学的发展。

钢和混凝土的发明和优化，是这一时期最关键的技术成果。1856 年，英国冶金家亨利·俾斯麦（Henry Bessemer）发明了以铸铁直接炼钢的廉价方法，在冶炼过程中有严格控制添加的碳量，去除其他杂质，极大地增

图 2-24   福斯大桥

加了钢材料的强度，使钢的物理性能超越了铸铁和锻铁，成为最适宜的建筑结构材料。1879 年，冶金家又研制出从铁中去除磷的廉价方法，到了 19 世纪末，适用于结构上的锰钢和其他现代的合金钢相继问世。随着钢材料的发展，19 世纪末英国陆续出现了钢框架的桥梁和建筑，如 1889 年苏格兰的福斯大桥（Forth Bridge）和 1904 年建造的第一座钢框架建筑——丽斯宾馆（The Ritz Hotel）（图 2-24）。到了 20 世纪初，工业化的建筑型钢已经渗透到了住宅领域中，成为英国建筑界主要的结构材料。

而钢的发明自然让习惯应用金属材料的英国建筑师（或工程师）如获至宝，他们仰仗钢材料优越的结构性能更加放开手脚，在实际应用中充分展示钢的技术成就，这极大地促进了英国建筑技术美学的发展。

伴随着钢的成熟运用，钢筋混凝土这一崭新的建筑材料也应运而生。混凝土的现代复兴始于 1824 年英国发明的波特兰水泥（Portland Cement）。它比古罗马时期的石灰水泥在强度、耐久性和耐火性方面要高出许多倍。将钢或铁置入尚未凝固的混凝土中，弥补混凝土所缺乏的张拉性强度，同时混凝土恰好保护了铁杆不受火和锈蚀等因素对其的侵害，便形成了钢筋混凝土。19 世纪 90 年代钢筋混凝土的出现，为英国建筑技术美学又带来了新的内容，许多建筑师纷纷投入到钢筋混凝土的美学表达中来。例如，沃特·克雷恩（Walter Crane）设计的哈伊斯工厂（A pianoforte factory at Hayes, Middlesex）采用了钢筋混凝土梁柱体系，这为该工厂提供了能够优秀胜任功能的宽敞空间。这些钢筋混凝土柱没有古典柱式中的柱头，只是和轻质、光洁的墙面和谐存在着，并依照承重的主次将建筑立面划分为若干不同的竖向单元。而这种重功能、轻装饰，注重材料自身表达的方式，被当时建筑界称为"有趣"。

此外，随着材料的进步，结构科学也与之跟进。刚性节点的金属框架、复杂的超静定结构、新的计算理论，如位移法、渐近法等陆续研究出来。结构科学中另外一些较复杂的问题，如结构动力学、结构稳定性等，到 20 世纪初陆续有了比较成熟的成果。

总之，19 世纪末至 20 世纪初的这段时间内，英国在建筑技术方面虽然创新的步伐有所减缓，但仍然保持着领先的态势。崭新的技术成果和结构知识，客观上为英国建筑技术美学的发展奠定了坚实的物质基础。它们优越的物理性能优化了建筑技术的美感表达，丰富的技术成果也使建筑技术的美学表达范围得以拓展。

（2）英国建筑技术美学的创作主体结构日趋壮大和优化。

一方面，建筑师和工程师打破了隔阂局面，逐渐走向合作。在长期的技术美影响、社会舆论、自我反思过程中，建筑师意识到职业传统地位已经丧失。如果不再继续落伍，就必须接受工程师的知识结构和创作方式。而工程师也因缺乏相应的"美学"素养，受到许多民众的质疑。[1] 因此，在越来越多的建筑技术实践中出现了工程师与建筑师合作的情形，工程师主要在结构知识、技术应用方面发挥优势，而建筑师则秉承工程师的技术知识和理性态度，日渐成为英国建筑技术美学的中坚力量。这一变化的出现既打破了以往各自为政的局面，有效地实现了知识互补，同时也化解了工程师不懂美学，建筑师不懂技术的尴尬，壮大和优化了技术美学的创作主体结构。

另一方面，建筑师部分接受了工程师的设计理念，改变了正统建筑界的建筑设计程序和主旨，这对英国建筑技术美学的系统化、正规化推进产生了极为积极的作用，并且开创了世界范围内的现代建筑设计方法。

这一时期的英国建筑师批判地采纳了工程师"以功能为先"的设计方式，同时进一步反对程式化的比例与构图。因此，在 19 世纪末的英国建筑界，出现了在设计程序上"平面设计"取代"构图"（Composition）核心地位的现象。

例如，1882 年建筑师 W·凯利斯（W·Kelsey）在红丘（Redhill）附近的布斯顿公园（Burstow Park）设计了一个小型建筑组团，作为农场建筑，明确提出了平面设计上坚持"不妥协的设计方式"（A plain uncompromising manner），完全从平面功能出发，组织建筑的空间结构。平面中心是农场建筑的核心——带有窗间墙的红色空心砖的仓库，两侧的建筑构成了庭院的侧翼，既提供办公、储物功能，又共同围合成庭院。屋顶的一侧是悬臂木梁，另一侧搭置在木结构围栏上，木结构围栏所围合的空间，没有尝试浪漫主义的平面布置，而全部由内部功能划分直接生成。虽然，该建筑依然采用了传统材料：红砖和木材，但它将建筑设计重点放置在平面功能上，将所谓的"风格"和"构图"置于次要地位。在接下来的时间里（1887、1888 年），由凯利斯和詹姆斯·金斯顿（Sir James Kitson）等建筑师在此方面继续探索，并受到韦伯红屋的影响，在学校、工厂、农舍、商场等各

1 H A N Brockman. The British Architect in Industry 1841 ~ 1940[M]. London: George Allen & Unwin LTD, 1974: 96.

图 2-25 L 型平面的农场

类建筑中陆续使用"L"型平面，利用钢筋混凝土的结构优势，尝试"灵活"平面（图 2-25）。

　　总之，在 19 世纪末至 20 世纪初的时间里，英国建筑师在工程师的影响下，将建筑设计的重点从"构图"转向了"平面设计"，这标志着建筑设计理念的关注点从"风格"转向了"功能"。建筑师创作理念和设计方法的改变，使他们客观上成为英国建筑技术美学发展的主导力量，他们利用优良的专业素养和敏锐的判断力，使之成为英国建筑技术美学的重要部分，促进英国建筑技术美学的健康发展。

2.3 旁枝——工艺美术运动

　　英国建筑技术美学在一个世纪的时间里，逐渐具备了基本面貌。然而，作为一个现代的、完备的美学体系，它仍然缺乏最为关键的因素，那就是"美学价值"和"现代意志"，这也是英国建筑技术美学区别传统建筑美学的关键所在。正是这些首创性的因素，决定了英国建筑技术美学在现代建筑领域的开创性地位。

　　对于上述任务的完成，历史将它交给了 19 世纪七八十年代，在英国艺术界兴起的一场现代艺术革新运动——工艺美术运动（the Arts and Crafts Movement）。这场轰轰烈烈的艺术运动，由英国艺术家威廉·莫里斯发起，席卷了整个英伦三岛，最终影响了欧美大陆的现代艺术和现代建筑的早期发展。虽然随着时间的推移，工艺美术运动充满了复杂的矛盾性，但它所涉及的有关现代艺术、现代建筑和建筑技术的探索与实践，构成了英国建筑技术美学中极为重要的部分：它有效延承、提升了哥特建筑复兴运动中对于建筑美学的"社会服务"的价值理念，建立了更为明确的社会价值体系；它对工业化建筑中的结构逻辑、材料理性、功能性理想部分延续，对建筑技术的现代化、审美化、合理化、集约化的设计和应用方式进行了开拓性的探索，将之运用到建筑教育环节，影响了以德意志为代表的西方现代建筑发展。这些内容都使英国建筑技术美学迈出了历史性步伐，工艺美术运动也因此成为"一座通往现代世界的桥梁，现代艺术运动的里程碑"。[1]

由于工艺美术运动内容的多元矛盾性和时间叠合性，我们将之称为英国建筑技术美学的旁枝。

2.3.1　技术美学的价值建构：威廉·莫里斯

德国美学家盖格尔认为："美学是一门价值科学，是一门关于审美价值的形式和法则的科学。因此，审美价值是它注意的焦点，也是它研究的客观对象。"[2] 审美价值是成熟美学体系不可或缺的，能鲜明体现美学特性的特殊"主客关系"。

历史上各个时期的建筑美学都有独特的审美价值。古希腊建筑的审美价值主要在于建立人与世界的和谐关系，被称为"人物相合——人神相合"；古罗马建筑的审美价值则被称作"此岸世并彼岸化——彼岸世并此岸化"；中世纪时期建筑的审美价值则体现为"人的神化——三位一体"的特征。[3] 可见，长久以来古典建筑美学所建立的审美价值，主要体现为对神权或王权的尊崇，对社会大众进行精神洗礼和教化，对阶级和文化地位的界定和维护。建筑高居于神坛之上，是远离普通民众，令人遥不可及的领域。然而，在 19 世纪七十年代的英国，在时势、历史的推动和前辈的积淀下，艺术理论家威廉·莫里斯（William Morris）成功将建筑艺术请下神坛，走入社会大众的生产、生活之中，为现代建筑的发展铺平了道路，成为英国建筑技术美学乃至现代艺术和现代建筑的奠基人之一（图 2-26）。

对于英国建筑技术美学的发展，莫里斯的主要贡献在于为该体系建立了社会价值内涵，并在艺术价值方面寻求出路，使英国建筑技术美学成为面向社会大众生产生活的实用性建筑美学，强调建筑要谋求技术功能美与形态美的共融发展。

1　Trachtenberg M. Hyman I. Architecture: From Prehistory to Postmodernity[M]. Pearson Education Inc, 1986: 496-519.

2　[德] 莫里茨·盖格尔. 艺术的意味 [M]. 艾彦, 译. 北京：华夏出版社，1999: 86-91.

3　袁鼎生. 西方古代美学主潮 [M]. 南宁：广西师范大学出版社，1995: 101-121.

图 2-26 威廉·莫里斯

（1）社会价值的建立

对于建筑艺术社会性理念的提出，莫里斯继承了普金和拉斯金的基本思想，其理论根基可谓来自于前辈的思想积累，但他却没有遁逃到过去的时代，而是选择了直面这个现实社会，因此在社会价值观建立上走得更远。

莫里斯明确提出艺术不是社会上层群体的专属领域，而应面向大众，即艺术应该"取之于民，用之于民"。[1]

莫里斯说，在中世纪，艺术不分伟人、次要人物和小人物。艺术家不是"其所受教育能使他臻于很高修养的人"[2]而是那些最为平凡的劳动者。"日常劳作因日常的艺术创造而变得惬意。"因此，莫里斯为艺术下了这样一个定义：人类在劳动中快乐的表现。

莫里斯认为他所处的那个时代存在着艺术与社会分离的窘态，而这一切归咎于现代社会的劳动分工。于是，他大力疾呼要恢复劳动者的尊严和手工工艺的美，认为只有那些经由普通劳动者制作的，蕴含着他们劳动过程中欢悦情绪的产品才是真正的艺术品。

所以，在莫里斯看来真正动人的艺术不仅"来源于人民"，而且要"服务于人民"。实现艺术与社会的对接，才是理想化的艺术状态，这也便是"实用美学"的基本内涵。这种实用美学理论的建立构成了现代建筑技术美学的理论基础，也从根本上影响了现代建筑的发展，因此莫里斯提出的艺术与社会统一和谐的理念，是美学发展史上的重要革新。

他的这一思想可以从他所写的乌托邦小说《乌有乡消息》（News from Nowhere）中看到（图 2-27）。该小说借由建筑和村庄为 21 世纪的伦敦新社会描绘了一幅社会主义的美景。书中假定了一个"义务车间"，

1 May M. Morris Collected Works [M]. Roma: Athenation Postdam Press.1915(22): 33.

2 William M. The Prospects of Architecture in Civilization. in On Art and Socialism: lecture given at London Institution, London:Faber&Faber, 1978:25.

图 2-27　《乌有乡消息》

一个工作与愉快糅合为一的场所。人们聚集在这里，乐于在此劳动。人们进行工作也创造艺术，艺术变成了面向社会大众，并且服务大众的应用性艺术，也是塑造人类的生活环境，塑造人类赖以生存的建筑及其外延。[1] 这部分内容涉及了建筑创作的方式和创作范围，虽然仅仅局限于书面上的预想和描述，但却对现代建筑教育和实践，特别是建筑技术美学相关教育和实践产生了非常关键的影响。例如，英国的利物浦艺术学校和后来的德意志制造联盟、包豪斯学校等机构，均将"义务车间"的形式在教学中应用，为英国建筑技术美学谱系在 20 世纪的发展开拓了新的领域。其中，"义务车间"在德语中被译成"联合车间"（Vereinigte Werkstatten），由此可见，1898 年在德国形成的联合车间的名称很可能就是从这里来的。

（2）艺术价值的救赎

对于 19 世纪七八十年代英国建筑界业已出现的技术美学势头，莫里斯的态度看似矛盾，但客观上他为其艺术价值的救赎作出了实实在在的努力。

一方面，莫里斯主张将现代建筑从历史主义的风格中救赎出来，重建现代建筑技术的艺术价值。对于当时英国建筑界依然风行的历史主义式美学，莫里斯将之斥为"用别人丢弃的衣服所做的乔装打扮"[2]。在他看来，对于早期风格的模仿，产生的只是"如画风格"之类的东西，这是一种负面的感觉。他告诫建筑师，如此模仿历史主义风格，莫不如直接研究古代作品，并

1　William M. News from Nowhere[M]. London: Penguin Press, 1970: 38.

2　Nikolaus P. The Sources of Modern Architecture and Design [M]. London : Thames and Hudson Ltd., 1995: 19.

图 2-28   莫里斯设计的家具

学会去理解古代作品。

　　提倡手工工艺加工方法，是莫里斯对历史主义反抗的一种方式。在此方面，莫里斯取得了成功，不仅归因于切实地实践，也因为他从不模仿他人，而是就"如何在手工艺领域挣脱历史主义的束缚，如何从外形上而不是装饰方面表现物体"方面下功夫[1]（图 2-28）。莫里斯设计的纺织品、家具与装饰传达了这种新形式，符合现代社会的审美风尚："真诚而简单"（Honesty and Simplicity）。这些设计作品，不仅美学形态上令人欣赏，而且做工精良，从而奠定了英国工艺美术运动的基础。

　　另一方面，莫里斯对粗糙泛滥的工业化技术形象充满了厌恶和恐惧，极力主张为其寻求艺术价值。

　　莫里斯对于手工工艺加工方法的提倡，其根本动力来源于对机器化大生产所导致的艺术价值丧失。通常，莫里斯被认为是极端仇恨机器的人，因为他把所有的时代罪恶，都归咎于机器化和细致的劳动分工之上。事实上，他的思想根源是试图探索一种美学途径，来解决工业化技术形象粗糙、缺乏艺术美感的状态，为其建立从审美角度和社会角度都合理的艺术价值。正如佩夫斯纳所说："艺术能从机器带来的湮灭中挽救出来——这正是他（莫里斯）的信念。"[2]

　　因此，在莫里斯设计生涯中存在着不可回避的矛盾，他对他所憎恶的工业社会爱恨交加。表面上他激烈地坚持反对工业化立场，宣称"机器生产从总体上看是一场罪恶"，但实际上莫里斯对于工业化技术的反对，并不像人们想象的那样绝对。他在他的演讲《真正的社会中》指出，机器具有减轻工

3　[英]尼古拉斯·佩夫斯纳.现代建筑与设计的源泉 [M]. 殷凌云，等译，范景中，校.北京：生活·读书·新知三联书店，2001: 9.

1　William M. The Revival of Architecture [M]. Fortnightly Review, 1972 (8)：315.

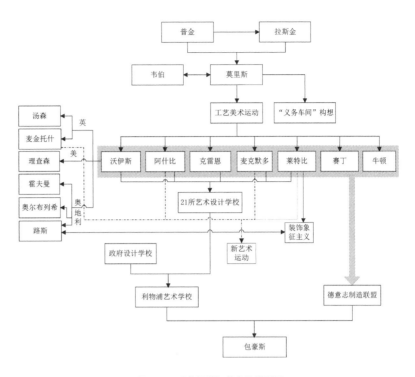

图 2-29 "莫里斯"节点的谱系图

人劳动强度的积极作用，并将手工劳动看作是对大规模生产的一种校正。[1]
在其设计生涯后期，又迈出了明显的一步：接受机器，学习机器的生产方
式。其目的是要引导机器来生产那些"不是那么伪劣和俗不可耐的东西"，
而是使用现代的方式认真设计、精细制作，恰如那些传统手工艺品一样美
丽传神。这也就是莫里斯所希望为工业化技术所建立起来的艺术价值内涵。

　　但令人遗憾的是，莫里斯最终没能将之付诸实践，而真正迈出实际一
步的是 20 世纪之后的德意志。但莫里斯对工业化建筑技术的艺术价值探求，
为后世的建筑技术美学开辟了一方新天地，也启发了现代建筑的发展。他
热情洋溢的探索精神和执着思想，恰如一座通往更好世界的桥梁，成为现
代艺术运动的里程碑，也成为英国建筑技术美学谱系中至关重要的节点（图
2-29）。

2.3.2 技术美学的现代意志寻求

2　William M. Useful
Work Versus Useless
Toil[M]. London: Penguin
Press,1984: 103,118.

　　19 世纪末 20 世纪初，工艺美术运动影响下的英国建筑师们或追随莫
里斯的思想，或对其思想进行修正，对建筑技术所体现出来的美学特征进

图 2-30 红屋

行了更触及本质和时代特性的探索，为英国建筑技术美学勾画出更为清晰的现代性外貌。

（1）建立简洁理性的技术装饰逻辑

在 19 世纪中期之前，普金和拉斯金等人曾就建筑技术的装饰问题提出了"真实"的观点。但由于时代和观念的限制，仍然局限在哥特建筑风格范围内的寻找。经由 19 世纪中后期，工业化建筑技术的进一步发展和工艺美术运动的洗礼，英国建筑师在 19 世纪末 20 世纪初的建筑创作中渐渐形成了简洁理性的技术装饰逻辑。这在菲利普·韦伯（Philip Webb）为莫里斯设计的红屋（Red House, Bexleyheath）中鲜明地表现出来（图 2-30）。韦伯通过采用当地的红砖材料，对建筑结构的完整性考虑，简化了与功能无密切关系的装饰，建造了一幢朴实无华的建筑，从而建立了他反对滥用装饰的设计原则。在此方面，韦伯甚至比莫里斯更为坚决，他曾明确说过："一个过于精致的炉箅，不配烧圣洁之火。"[1]

到了 19 世纪末，英国建筑师将这一装饰原则向更明确、更彻底的方向推进，其中代表建筑师是查尔斯·沃伊斯（Charles F. Annesley Voysey）和威廉·理查德·莱特比（William Richard Lethaby）。

沃伊斯在英国建筑史中被看作 20 世纪前后 20 年间的核心人物。他建筑设计中所带有明确的功能性、简洁性表现比莫里斯等人在风格上更坚决的与过去分离的愿望，直接昭示了 20 世纪建筑及其美学特征（图 2-31）。沃伊斯对装饰持批评态度，在其建筑设计中，简洁的、自然的风格贯穿始终，

1 ［美］肯尼斯·弗兰姆普敦. 现代建筑：一部批判的历史 [M]. 张钦楠，等译. 北京：生活·读书·新知三联书店, 2004: 38.

图2-31　沃伊斯的乡村住宅

图 2-32　飞鹰保险公司大厦

例如他的代表作——于 1891 年创作的伦敦西肯辛顿修建的小型艺术家工作室（The Arts House）中，整个建筑以简洁化、平展化和不对称化为特征。光裸的墙面、带状的敞开式窗户、水平方向延伸的横匾带饰、逐渐内收的烟囱等元素，构成了该建筑必备而又简约的审美要素。它们大胆、自然、几乎没有一寸多余装饰的处理方式，已经将其完全与传统美学划分开来，而建筑整体形态和具体技术要素的简易几何形态，又为该建筑增添了典型的现代特征。

　　同一时期的英国建筑师莱特比，同样是在世纪之交时英国最令人感兴趣的建筑师之一。莱特比在具体的创作实践中，十分理智地反对所有的装饰，认为对于建筑技术的使用应当坚持简单、自由、恰当的原则，"装饰"不过是材料或当代社会条件的恰当表现。莱特比将装饰与纹身问题比较而谈，用建筑实践印证了他关于装饰"可以从建筑中消失"的理念，给当时英国建筑界以不小的冲击。例如，他所设计的位于伯明翰的飞鹰保险公司大厦，刻意回避了所有与以往风格相关的东西，不假装饰，简单纯净，被英国建筑界称为"建筑历史上最平静的革命"（图 2-32）。同样，哈尔顿住宅（Haltoun House, Midlothian）也体现了纯净、理性的美学内容（图 2-33）。

（2）创建标准化的早期技术构想

　　大多数人们认为，工业化建筑技术标准化始于德意志制造联盟。然而事实上，作为建筑技术美学谱系的上源，19 世纪末英国的建筑技术探索，最早地提出了创建标准化的技术构想，创造性地开启了标准化发展，德意志制

图 2-33　利物浦艺术
学校周年庆版画

造联盟只是将标准化大规模推进和大范围应用。

　　英国建筑师查尔斯·罗伯特·阿什比（Charles Robert Ashbee）
可谓是英国现代建筑界明确提出技术标准化的人物。阿什比在英国建筑技
术美学谱系上具有举足轻重的作用，也是将莫里斯的思想应用到实践领域
贡献最大的人。他不仅著书立说，创建了工艺美术协会与学校，还乐于在
技术领域大胆探索。阿什比建筑技术思想的核心是为莫里斯提出的所谓手
工生产品建立一套统一标准，正如他于 1908 年在书中写道："标准化意
味着制造一种模式或类型，使得任何紧随其后的产品都能够有章可循。"[1]

1　Carthy F.The Simple
Life C. R. Ashbee in the
Cotswolds[M].London:
Phaidon Press Ltd ,1981:
59.

同时，他在自己的工艺美术协会与学校尝试实践。虽然由于阿什比思想上一定的局限性，但他提出的建立技术标准化体系主张和相关实践，对现代建筑界来说是影响深远的探索，他的标准化技术思想和实践经由他的著作和工艺美术协会与学校，对德意志制造联盟的现代技术标准化建立产生了非常关键的启发作用。

除了阿什比之外，英国建筑技术美学的现代性探索中，建筑师理查德·柏莱德（Richard Brodie）对技术的标准化建立也做出了有价值工作。在 1898 年，柏莱德受雇于利物浦艺术学校，在此期间他实践了一个预制、批量化的住宅体系。结构板件为模数化的预制混凝土板材，窗、门等也在工厂批量生产，最后运到现场由引擎拉拽、干装配。1905 年，他建造了12 个三层的简易房。每个房间都是榫卯相接的方盒子，地板、顶棚、山墙都由混凝土石板制成。混凝土石板放在仓库中，捆扎一起，之后由水泥浆粘合。这是重型预制单元的基础技术成就，出现在格罗皮乌斯标准化实践的 20 年前。

2.3.3　技术美学的社会投射："教育实验"

在 19 世纪末的英国，建筑职业教育领域流行一个名词："The Experiment"，它特指当时英国建筑界为了适应建筑发展的时代性，与以牛津、剑桥为代表的传统建筑教育断裂，追求建筑艺术与技术相融合、相联结的美学规则，而进行的"教育实验。"[1]教育实验，其内容的本质是改革传统美学标准，建立起适应现代社会的建筑技术美学体系，在英国乃至现代世界建筑技术美学发展谱系中，占据关键的一环。它在 19 世纪中期的英国被初始提及，经由工艺美术运动而得以发展和繁荣，并最终因其革命性的影响力跨出国门，对以德国为代表的现代建筑运动产生了极其重要的影响。

1835 年，英国房屋委员会（The House of Commons）首次发起倡议，旨在根据时代需要，探寻拓展艺术认知和设计原则的最佳路径，并于 1837 年 6 月建立了"政府设计学校"[2]（The Government School of Design），对后来的教育实验留下了积极的影响。

19 世纪末期，在莫里斯"义务车间"这一融生产、学习为一体的愉快式劳动机构模式的启发下；在"政府设计学校"所提倡的面向社会、实践的艺术办学机制的影响下，以"政府设计学校"和"义务车间"为范本的艺术

2　Sedding J. Art and Handicraft [M] . MA: The MIT Press, 1983: 129.

3　Peter B, Frank F. Why Modern Architecture Hasn't Worked [M]. London: Epson Press, 1977: 115.

设计学校在英国如雨后春笋般地生长起来。到 20 世纪初，共出现了 21 个典型的类似学校，它们共同构成了英国设计教学的脊梁，也构成了教育实验的主要土壤。

虽然这些学校的办学主旨各有区别，但共性目标均是对传统设计美学的颠覆和否定，建立艺术与使用技术密切结合的现代美学体系或设计原则。在众多英国设计学校中，对现代建筑和英国建筑技术美学发展贡献最大的应属"利物浦建筑和应用艺术学校"（The Liverpool School of Architecture and Applied Arts，简称利物浦艺术学校），它也是英国建筑技术美学教育实践方面最具代表性的实践机构。利物浦艺术学校于 1883 年开始筹建，经过了选聘合适专职教师的艰难过程后，于 1893 年在利物浦建筑协会资助下正式建设。

利物浦艺术学校是一个迥异于传统建筑教育院校的教育机构。它的定位由学校的主办人约翰·杰克森（John Jackson）明确指出：不是"建筑师的学校"，而是"建筑的学校"。[1] 它不仅面向普通学生，还欢迎任何学历和任何与建筑相关专业的人来此进修。

在专业学习上，利物浦艺术学校反对严格的专业设定，而是坚持学生对建筑与姊妹学科一起学习。例如，学校经常聘请社会知名的艺术家造访，而不是由教师完全控制教学。在此环节中，学生能够开阔眼界，得到多方位的建议和审美训练（图 2-33）。

在课程安排上，学校的教学大纲是非常灵活的。学生可以根据自己的喜好和需求来选择求学形式。每门课程都配有主题讲座和 2 小时的工作室课程。在假期里，学校会安排学生去建造工厂，与焊接、水暖工等工人们一起工作。这也正如杰克森在建校典礼上总结的那样："这样的学校优势在于，建筑工作室不独立存在。在一个非常大的工程师系统中，学生可以找到兴趣点。"[2]

此外，利物浦艺术学校更带有实验性的是，它完全采取了开放式的教学。学校虽然安排了系统的教学大纲，但并不要求每个学生必须结课，而是彻底地坚持"艺术的学习应该和技术实践紧密结合"的观念。学校对每个曾经就读过的学生都保持"随时欢迎、随时等待"的态度，当学生工作一段时间后，随时可以回来。[3] 因为，利物浦艺术学校是要"让学生一生都处于学习的状态"，提倡在职业实践中拓展教育和革新思维。

在建筑教育方面，利物浦艺术学校的教育实验带有鲜明的技术美学色彩。首先，利物浦艺术学校被严格定位为"应用艺术与建筑"结合的教育实验场所。其次，建筑美学的评价标准带有鲜明的技术美学特征。建筑被作为最大、

1　Jackson T G. Some thoughts on the training of architects [J].The Architeture Review.1987: 37.

2　Richard P M. Innovations and developments in heavy prefabrication[M]. Liverpool: University of Liverpool Press, 1969: 15.

3　同上，12.

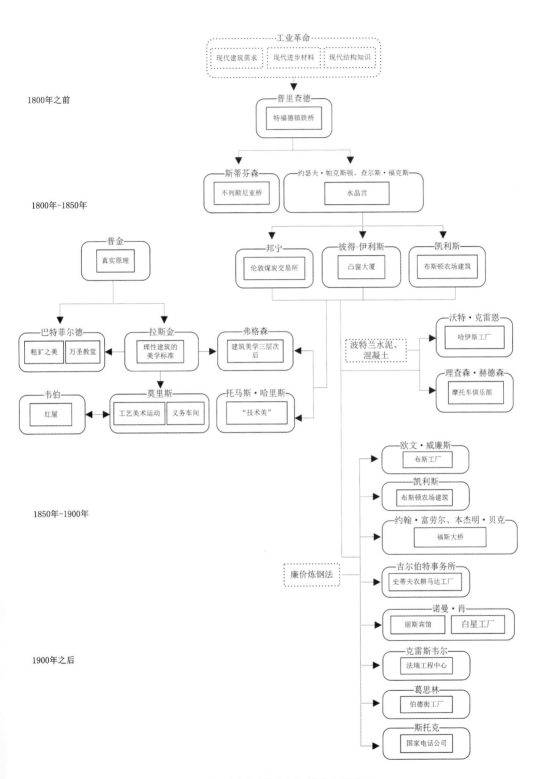

图 2-34 英国建筑技术美学生发时期的子谱系图

最普遍的应用艺术看待。装饰则是雕虫小技的手法，在建筑审美方面次于其他因素。[1]

综上所述，以利物浦艺术学校为代表的英国艺术设计学校所进行的教育实验，在19世纪末，成为英国建筑技术美学发展和现代建筑改革的前沿阵地。它们将当时英国建筑界出现的现代思想，作为教育实践的主要追求，不仅为英国社会培养了一大批面向建筑实践的创作人才，也以教育实验的方式使技术美学成为英国现代建筑教育的主导美学形式，从而使英国建筑界更大程度地摆脱历史主义建筑风格的束缚，走上了健康的现代美学道路。

1904年，由于诸多社会原因利物浦艺术学校宣告失败。但作为带有进步色彩的教育实验本身并没有退出历史舞台，而是在英国建筑技术美学谱系中持续作用，它伴随着文化的交流来到了德国，在那里开花结果，也使英国建筑技术美学的谱系铺展开来（图2-34）。

1 Murray D.Minutes of the Senate of University College relative to the School of Architecture and Applied Arts[M]. Liverpool :Liverpool University Archives, 328.

2.4 本章小结

　　19世纪英国建筑技术美学的生发过程，是该美学体系发展的关键期，它从萌芽走向了成熟，发展至高潮。英国建筑技术美学从主旨思维、美学理念、价值标准、创作实践、教育实验等各个方面都基本具备了现代建筑美学的初始面貌，成为一个较为完备的建筑美学体系，并以其进步力量影响了其他欧美国家的现代建筑进程，掀起了现代革新乃至革命的大潮。

　　19世纪的英国建筑技术美学生发过程，是紧密依附于英国社会文化土壤的，具有一定的历史必然性。然而，在这必然性的背后，历史并非单一的线性发展，而是呈现多枝脉、多角度、多元化的复杂渐进脉络，带有鲜明的谱系特征。该谱系各枝脉在复杂的历史漩涡中，没有明确清晰的界限，而是彼此吸取、传承；彼此排斥、抵制，最终趋向融合。三枝之间充满了错综复杂的异质化关联关系，但在此关系基础上蕴藏着共同的美学追求：真实、理性地营造建筑；实现建筑功能与形象的最优表达；谋求建筑技术与艺术的共生共荣。这也是 19 世纪英国建筑技术美学谱系，为世界现代建筑进程作出的极富价值的贡献。

第 3 章　谱系的裂变：
现代性的弥散与演化

在 19 世纪末至 20 世纪初的时间里，英国建筑技术美学连同英国现代文化一起漂洋过海，将其艺术感染力向欧美大陆乃至亚洲辐射。在此过程中，英国建筑技术美学并不是生硬的移植，而是被不同的国家、不同的文化土壤选择性的吸收，融合各自的社会因素呈现出不同的技术美学特征。英国建筑技术美学的谱系开始出现裂变的趋势，滔滔江河再次化作多支细流，滋养不同的文化土壤。

而与此同时，其在英国本岛的发展则是盛极而衰。20 世纪以来，由于主导阶层思想意识的转变和经济增长速度的减缓，这个曾以"日不落帝国"自夸，盛极一时的老牌帝国主义国家——英国，步履蹒跚地跨入了一个不景气的历史发展阶段。英国逐渐在建筑技术美学发展过程中出现了疲软的态势：历史主义的风格美再度逆袭，现代主义建筑学习的软弱无力，技术美学的探求也出现了前所未有的低潮。与此相对的是，德意志主动地向英国学习，将它的建筑技术美学引入国内，并使之在此落地生根、开花结果，成为英国建筑技术美学谱系重的重要阵地——英国建筑技术美学出现了重心的滑移。同时，英国建筑技术美学的支脉也向多个地区派生，将它进步的力量扩展到以美国为代表的美洲大陆、奥地利、意大利为代表的中欧国家和以日本为代表的亚洲地区。英国建筑技术美学的谱系特征愈加明显，跨出了英伦诸岛，发展成世界范围内的、带有现代进步意义的建筑美学类型。

3.1　德国的提纯式整合

19 世纪末至 20 世纪初的时间内，德国作为新兴的工业化国家逐渐走向了现代，试图通过技术产品的精致化获得更大的经济效益。在此方面，德国将英国视为先驱者和竞争者，引入了英国建筑技术美学的主要思想和具体手法，系统研究了英国的技术产品（包括建筑），承袭了英国建筑技术美学的精髓。20 世纪的德国建筑师从未隐瞒过他们对英国的感激。[1]

德国在学习英国经验的基础上，对工业化建筑理解超越了英国，摒弃了英国曾经对工业技术犹豫不决、摇摆不定的态度，提出了工业时代建筑设计的新观点。英国建筑技术美学的核心内容在德国的土地上开花结果，经由几代德国建筑师的努力发展成为面向世界的建筑技术美学，并构成了现代主义建筑的主要组成部分。

3.1.1　技术美学的建构内涵提取：申克尔与森佩尔

在 18 世纪末到 19 世纪中期的时间里，英国的建筑技术美学已经表现出强劲的进步态势，而海峡另一端的德国仍然笼罩在希腊古典主义的统治之下。在这些奉行古典风格的建筑师中，仍旧不乏有识之士对时代特征的寻求，出现了一系列将历史作品的优势与时代建筑用途相凝结的尝试。

在这一时期，德国建筑学家和理论家卡尔·弗里德里希·申克尔（Karl Friedrich Schinkel）和戈特弗里德·森佩尔（Gottfried Semper）表现出比同一时代建筑师更为敏锐的洞察力和进步的思想。他们更多地接受了英国 19 世纪建筑的养分，在英国建筑技术美学的影响下，先后出现了关键性的转变——建筑技术美学转变，并发展成为"建构"的技术理论。这使他们既脱离不了英国建筑技术美学的枝脉，成为其谱系不可或缺的一部分，同时又在其基础上向"建构"的方向延承，对接下来建筑技术美学在德国的发展奠定了坚实的基础。

（1）申克尔：从古典主义到"本体建构"论的转变

建筑理论家汉诺-沃尔特·克鲁夫特（Hanno-Walter Kruft）、马文·特拉亨伯格（Trachtenberg.M）等人一致认为，19 世纪上半叶德国最伟大的建筑师便是申克尔。

1　[英]阿萨·勃里格斯. 陈叔平等译. 英国社会史 [aM]. 中国人民大学出版社. 1991: 109-211.

图 3-1　申克尔日记中的英国工厂

　　申克尔的教育经历为他的技术倾向铺垫了道路。申克尔就读于柏林建筑学院。柏林建筑学院在 19 世纪初虽然是德国古典主义的中心，但曾经是工程师的培训基地，其创建者大卫·吉里（David Gilly）是一位对建造技术充满了兴致，并极力劝说政府革新建筑教育体系的改革式人物。在他的著作《国家建筑艺术手册》（Handbuch der Land-Bau-Kunst）和《实用文集》（Sammlung nutzlicher Aufsatze）中，许多章节是关于建造技术的，"其中有一些将建筑的不同方面，包括科学与实践方面统一在一起考虑的思想表述。"[1]

　　这种对建造技术的关注倾向，在申克尔 1803 年至 1805 年第一次游历了意大利的笔记中可以窥见一斑。他观察的重点放置在对建筑技术细节和构造的问题上，他说："我参观了比安奇先生（Herr Bianchi）设计的新教堂，里面有很多很好的东西，如为穹顶搭设的脚手架，轻巧又实用，有一个宽敞的内部空间，从中可以将材料提升上去。"[2]

　　在 19 世纪 20 年代中期，申克尔的思想理念和创作风格出现了更明朗的功能和技术倾向。1826 年申克尔受到普鲁士皇室委托赴英国考察。在他的日记里有关于大桥、工厂、机器、生产过程和详细的建筑技术细节记录（图 3-1）。例如，当申克尔面对面地看到沃茨和博特铁工厂（Watts and Bolton Factory）里的那些烟囱时，倍感激动，他写道："这成百上千的冒着烟的方尖碑们构成了一幅宏伟的景象。那些由根本没有建筑概念的承包商用红砖盖起来的巨大体量建筑物造成了一种最为奇异的印象。"[3]而对于海峡大桥（Straits Bridge）的记录，申克尔则写道："我们直接去了泰尔福特先生建造的 1 月 30 日才通车的巨大悬索桥——一个值得人们尊敬的作品。铁索的重量有 700 磅，跨度 560 英尺，上面的道路高出低潮潮位 120 英尺、高潮潮位 100 英尺；在大桥一端，有着 3 拱，另一端有着每跨 50 英尺的 4 个拱。当车轮穿越大桥时，它们不会带来破坏桥身的震动。我们走下去查看

1　Julius P. From Schinkel to the Bauhaus[J]. London:Architectural Association Publications. 1972: 21.

2　克鲁夫特 H. 建筑理论史——从维特鲁威到现在[M]. 王贵祥，译. 北京：中国建筑工业出版社，2005: 220.

3　Julius P. From Schinkel to the Bauhaus[J]. London:Architectural Association Publications. 1972: 21.

图 3-2　柏林建筑
学院大楼

铁链跟岩石交接的部位。那些铁链起码深到石头 6 英尺，固定在岩石上。我还画了一幅图画，保留下对于这一宏伟作品的印象。"[1] 申克尔用一种敏锐的工程师视角看待眼前的一切，他的记录充满了技术性，也带有浓厚的向往之情。

　　此次英国之旅，可谓是申克尔的"解放"之旅。它让申克尔从折中主义和技术主义的矛盾挣扎中解脱出来，在英国轰轰烈烈的工业化建筑营建中，发现了他认为"更为鲜活、可爱，而且不属于任何建筑信条的新建筑规则"。[2] 这一发现与他之前对建造技术的兴趣结合在一起，使之坚定地相信技术能够为风格提供新的可能，并逐渐走向了"本体建构"（Ontological Tectonic Form）的技术路线。

　　在接受了 19 世纪初期英国建筑技术美学的洗礼之后，申克尔接下来的建筑创作证明了他对技术美学的好奇和紧追不舍的急切心情。

　　表现之一，对建筑技术的审美形态与结构合目的性的重视。例如，1836 年在柏林建成的建筑学院大楼。大楼城堡般的砖砌檐饰带有鲜明的建构本体价值。建筑屋面椽构体系的尺寸和间距，完全与檐饰的下部挑檐相对应。这一构造处理，以一种隐喻的方式暗示了结构主体的形态，也形成了一串带有结构理性美感的技术装饰（图 3-2）。该建筑学院大楼以其"实用"形式完全摆脱了历史形式的包袱，被视为德国 19 世纪中期最反叛历史风格的一座建筑，而申克尔则将之归功于 18 世纪最后 25 年出现的英国工业厂房建筑对他的影响。这种本体建构式的技术美学处理方式，对 19 世纪后期商业建筑的发展起到了一定的影响，主要趋势在美国的理查森、沙利文和芝

1　Julius P. From Schinkel to the Bauhaus[J]. London:Architectural Association Publications. 1972: 24.

2　同上，29.

加哥学派达到了顶峰。

表现之二，对建筑技术的审美形态与构造细部合目的性的重视。申克尔在《建筑学教程》一书中，收集了许多不同构件的连接方法和不同材料的结构组合实例，用众多实例来证明构造与建筑平面、功能、材料、装饰之间的合目的性。并且将建构问题与工程技术区分开来，这在之后的技术美学发展中越来越显现出重要的意义。

在实践方面，申克尔对本体建构的技术展示细微地体现在构造细部。在卡尔王宫等建筑的门厅和楼梯细部，他大量使用轻型金属结构，具有典型的古典式楼梯细部和工业化技术的精致、缜密性格，被后人认为与密斯在伊利诺伊理工学院设计的典型楼梯细部有异曲同工之妙。而 20 世纪的密斯名言"上帝就在细部之中"更是与申克尔的观点相印证。

总结申克尔的技术美学谱系延承贡献，可以归纳为对技术"本体建构"论的清晰搭建和早期实践。他在《建筑学教程》一书中曾对此有明确的表述：

（1）建造，就是为特定的目的将不同的材料结合为一个整体。

（2）这一定义不仅包含建筑的精神性，也包含建筑的物质性，它清晰地表明，合目的性是一切建造活动的基本原则。

（3）建筑具有精神性，但是建筑的物质性才是思考的主体。

（4）建筑的合目的性可以从以下三个方面进行考虑：

① 空间和平面布局的合目的性；

② 构造的合目的性，适合建筑平面布局的材料组合的合目的性；

③ 装饰的合目的性。[1]

在此基础上，申克尔还对技术的"本体建构"所产生的美学内容提出了明确的见解："建筑的任务是为了使那些实际的、有用的、功能上的东西变得美丽"。更为重要的是，他在结构和美之间增加了必要的联系："一座建筑中所有的重要结构元素都应该是可以被看见的……一旦结构的基本部分被覆盖，整个思维的过程就都丢失了。这种隐藏，迅速而直接地导致了一种虚假的出现"。[2]

申克尔的这种基于技术本体建构的美学思想，是一种典型的提倡表现技术自身美感的主张。结构和构造通过合理的暴露与外观建立合目的性等方式来获得理性的技术美感。这一思想由申克尔革命性地提出，对接下来技术美学产生了重要的影响，被认为是 20 世纪密斯·凡·德·罗等人思想的滥觞。而这一受到英国建筑技术美学滋养建立起来的技术美学观念，又在一个世纪的发展演变之后，对 20 世纪下半叶的英国建筑技术美学产生了影响，该谱

1　王骏阳.《建构文化研究》译后记（上）[J]. 时代建筑 . 2011(07)．

2　克鲁夫特 H. 建筑理论史——从维特鲁威到现在[M]. 王贵祥，译. 北京：中国建筑工业出版社，2005：221.

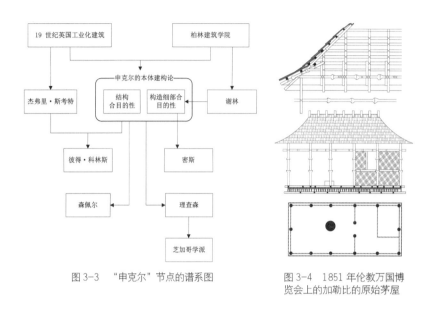

图 3-3   "申克尔"节点的谱系图   图 3-4   1851 年伦教万国博览会上的加勒比的原始茅屋

系中不可忽视的关键节点。申克尔本人也因此被誉为是"未来之人"（Der Kommende Mann）（图 3-3）。

（2）森佩尔：以材料为中心的"再现建构"论

在英国建筑技术美学谱系向德国蔓延的过程中，建筑理论家戈特弗里德·森佩尔在 19 世纪中期充当了关键的角色。他的思想由颇具理想主义色彩的象征主义，经过英国建筑技术美学的冲击后，逐渐转向了以材料为中心的"再现建构"理论，成为现代建筑技术美学发展中的一股强劲潮流，并对 20 世纪下半叶的英国建筑技术美学复兴，起到了潜隐、间接却不可忽视的影响作用。

森佩尔的建筑生涯可被认为始于 1825 年的哥廷根大学，随后进入慕尼黑美术学院学习建筑。在这一时期，森佩尔提出了反对功能主义，提倡对材料、工具和气候加以重视的观点，这在他所引用的托马斯·霍普（Thomas Hope）的《建筑历史研究》（Historical Essay on Architecture）一书中有所体现。他认为"将结构作为建筑的基本，是使建筑束缚在结构的铁链之下"，并初始构建了较为情感化的建筑色彩和装饰材料理论。[1]

然而，1850 年，森佩尔来到了英国参与水晶宫建筑的筹建工作，近距离地接触了该建筑的材料组织和施工工作。[2] 这一阶段的经历，促使他对建筑的技术、材料等因素进行了思辨，并将其思考发表在 1852 年的论文《科学、工艺与艺术》（Wissenschaft, Industrie und Kunst）之中[3]（图 3-4）。

1   克鲁夫特 H. 建筑理论史——从维特鲁威到现在 [M]. 王贵祥，译. 北京：中国建筑工业出版社，2005：232.

2   Michael Stratton. Industrial Buildings Conservation and Regeneration [M]. London: Epson Press, 2000:24.

1   [美] 里克沃特 J. 亚当之家——建筑史中关于原始棚屋的思考 [M]. 李保，等译. 第二版. 北京：中国建筑工业出版社，2006: 29.

在此文中，森佩尔的思想出现了明显的转变，之前的材料装饰构想也愈加的清晰化、系统化。他首先探讨了工业技术和应用艺术的辩证关系，认为当时的艺术形式有丧失时代特征的危机。那些反对工业文明、渴望回归到前工业时代的梦想是不合时宜的。他说："科学在不停地丰富着自己和生活，不断利用新发现的有用材料及奇异的自然力量，利用新的方法和技巧，以及新的工具和机器。"[1] 因此，森佩尔认为当前正处在一个转折的时代。

其次，森佩尔对应用艺术的发展表示了迷惑和担忧。他认为工业技术和机器对材料的各种加工方式，产生了许多新发明和各种材料替代品。可是这一切却导致了一系列的艺术贬值，绘画、美术、装修乃至建筑该向何处发展。

再次，森佩尔以他以往对材料的热情，分析了工业技术影响下的材料和设计的关系。在 1851 年英国伦敦的世界博览会上，花样繁多的合成材料让森佩尔大开眼界。在《科学、工艺与艺术》一文中，他写道："最坚硬的斑岩和花岗岩都可以向黄油那样切割，像蜡那样的抛光；象牙可以被软化被压制成型；弹性和马来橡胶可以经过高温硫磺处理后做出以假乱真的木、金、石雕、纺织品，并大大超越了被仿制的材料的自然质地。"[2] 这些仿制的建筑材料，在森佩尔看来，虽然带来了许多物质优势，但却会破坏象征符号的延续原则，因为廉价的工业替代品只考虑利润和使用，在观念上会对象征符号的延续，采取冷漠无情的态度，所以他对铸铁始终未能完全接纳。

从上述森佩尔的思想表述中，我们可以看出森佩尔显然是受到了以水晶宫为代表的 19 世纪中期英国工业化建筑的影响，对工业技术采取了接受、盼望的态度，同时又对其带来的时代特征、艺术走向和材料发展进行了思考。这是森佩尔在自我建筑生涯上迈出的关键一步。当然，也不难看出，森佩尔对于建筑材料的关注，并非停留在某种材料的本质属性，而是它的建造过程和形式表达。这为他之后的"再现建构"式的技术思想和"表皮理论"（Cladding Theory）打下了基础。

而由他著写的《技术与建构艺术的风格和实用美学》一书，则在《建筑艺术四要素》（Die vier Elemente der Baukunst）的基础上，更将建筑四要素与特定的建构工艺对应起来：编织对应于围合的艺术以及侧墙和屋顶，木工对应于基本的结构构架，砖石砌筑对应于基座，金属和陶土工艺对应于火炉。四种基本材料产生了四种基本技术，又形成了建筑的四种基本要素。（表 3-1）

1　克鲁夫特 H. 建筑理论史——从维特鲁威到现在 [M]. 王贵祥，译. 北京：中国建筑工业出版社，2005：231.

2　[美] 肯尼斯·弗兰姆普敦. 现代建筑：一部批判的历史 [M]. 张钦楠，等译. 北京：生活·读书·新知三联书店，2004：114.

森佩尔的四种基本要素				表 3-1
材料 (Material)	黏土 (Clay)	木头 (Wood)	织物 (Textile)	石头 (Stone)
技术 (Technique)	陶艺 (Ceramics)	木工 (Carpentry) （建构学 Tectonics）	编织 (Weaving)	石工 (Masonry) （分体学 Stereotomy）
建筑基本要素 (Basic elements of architecture)	火塘 (Hearth)	屋顶 (Roof)	围护结构 (Enclose)	基础 (Substructure)

在此过程中，森佩尔极力地强调织物的艺术，发展了饰面（Bekleidung）理论。他提出正是通过材料的变化，构建各具特色的建筑"饰面"，为建筑找到一种"适合的装束"，才将建筑提升到了一个象征性的地位，使风格成为可能。

他后来对英国水晶宫的评价也完全从"饰面理论"出发，认为该建筑是一个由透明玻璃包裹的真空体量。玻璃饰面表现出来的是物质化表面肌理，是带有美感的，因为"它意欲将人的思维从沉重而迟钝的物质中解放出来，转而注重物质表面的肌理，最终在光线下达到形式的消融。"[1]

可以说，森佩尔对于材料关注的初始动因在于，寻找与工业时代技术相适应的建筑风格。与其他人不同的是，他放弃了功能主义的路线，而走上了注重材料建构的方向，并且带有清晰的现代色彩和对于"再现性"的关注。

纵观英国建筑技术美学的谱系，森佩尔在接受了英国建筑技术美学的冲击后，走上了对工业技术和应用艺术的思考、寻找、探索的路途，并最终形成了自我的"再现建构"技术理念。他的贡献在于，为技术美学的发展开辟了除功能主义之外的又一条新路径，并在百余年的漫长发展之后，再次作用到英国建筑技术美学谱系中来，影响了它在 20 世纪的新面貌。

3.1.2　整体性技术话语的构建

成立于 1907 年的德意志制造联盟（Deutscher Werkbend）被认为是现代建筑运动最具实验性和革命性的策源地之一。这个实验基地产生的思

1　[美]肯尼斯·弗兰姆普敦.现代建筑：一部批判的历史 [M]. 张钦楠，等译.北京：生活·读书·新知三联书店，2004: 91.

图 3-5　穆德休斯

图 3-6　穆德休斯设计的住宅南立面

想和作品，影响了接下来世界范围内的现代建筑面貌。然而，德意志制造联盟所建立的主要建筑规则和技术构想，则从英国建筑技术美学的谱系中衍生出来，并在此基础上，将技术与艺术的关系向前推进。

（1）英国建筑技术美学思想的引入与承续——赫尔曼·穆德休斯

德国建筑师赫尔曼·穆德休斯（Adam Gottlieb Herman Muthesius）是将英国建筑技术美学带到德国的首要人物，更是德意志制造联盟奠基者之一（图 3-5）。1896 年，穆德休斯作为德国大使的随行建筑师，被派驻伦敦研究英国的建筑及设计。1896 ～ 1903 年间，他亲身感受了英国轰轰烈烈的工艺美术运动和技术与艺术的讨论热潮，将自己的见闻、思考在德国杂志上发表，著写了关于英国建筑的书籍，成为德国了解英国建筑技术美学的重要学术信息来源。

其中三卷本的《英国住宅》（The English House,1904 ～ 1905 年）是最有影响力的一部，明确表明了穆德休斯基于功能主义的技术美学立场（图3-6）。

在书中，穆德休斯以英国住宅为出发点，对英国建筑中蕴藏的讲求实效、注重功能的理性精神接受和赞美，将之称为"艺术的缄默"（Kunstlerische Enthaltsamkeit）。他说："英国住宅真正的、决定性的价值就在于它的绝对客观性。钱不是花在名贵的花园和地面上，也并不用来表现华丽的装饰和那些细枝末节的东西。它采取着天然的正确姿态，没有浮华和虚饰，这是一种如此自然的状态，然而在我们的现代文明中却成了凤毛麟角。"[1]

同时，穆德休斯还对工艺美术运动中的代表思想和作品十分关注。他不仅对拉斯金、莫里斯的美学思想表示赞同，还对莱特比和沃伊斯产生了极大

1　[美]肯尼斯·弗兰姆普敦.现代建筑：一部批判的历史 [M].张钦楠，等译.北京：生活·读书·新知三联书店，2004: 275.

兴趣，认为莱特比的住宅虽然"严峻而阴沉，几乎没有趣味，但美学上具有深刻的内涵"，而沃伊斯的作品则"将自身限于一种绝对的单纯之中"。在穆德休斯看来，英国住宅注重的是需求和实用，追求的美感是客观和恰如其分。

在把英国建筑的美学思想引入德国之后，穆德休斯并没有就此停歇，而是对其引入和承续进行了一系列的工作。一是在 1904 年，他成为普鲁士贸易委员会的智囊团顾问，其任务是改革全国应用艺术的教育纲领。同年他对艺术、工艺和技术学院进行了重组，这自然与他在英国的经验和参与伦敦工艺美术学院重组经历是分不开的。

另外一项工作是 1906 年穆德休斯反对由德国保守及保护主义的艺术家和手工艺者集团，严厉批评德国应用艺术界的现状，强调当代生活中工艺美术所起的作用，并在《装饰》（Dekorative Kunst）杂志上撰文，宣传英国工艺美术运动的精神和创作。在一系列的工作基础上，1907 年成立了德意志制造联盟。

正如德国建筑理论家克鲁夫特所说：在工艺美术运动的思想基础上，德国首先产生了德意志制造联盟，然后产生了包豪斯（Bauhaus）。英国乌托邦思想以一种实用经济的形式重塑于德国。在德意志制造联盟中，英国工艺美术运动中关于工业技术和艺术的诸多构想，在被穆德休斯引入和承续之后，引起了德国建筑界、艺术界乃至政界的广泛关注，并在矛盾斗争中推进。

（2）建筑技术美学的推进——标准化、精致化和建筑美学新秩序

德意志制造联盟的最初构想来源于莫里斯的"义务车间"，艺术家、工匠和工人们在一起欢乐的工作，生产的工业产品同时也是凝结人快乐情感的艺术品。穆德休斯仿效英国工艺美术运动中出现的艺术机构，将制造联盟建立成一个由艺术家、手工业者和工厂主组成，并兼有教育和设计的机构，其目标是"通过与艺术、工业和工艺的联合，同时通过教育、宣传等手段……来使工艺制造变得高贵"。[1] 然而，制造联盟却不同于英国对工业技术的犹豫、徘徊的态度，在关键问题上有了重要推进，促进了（建筑）技术美学的积极发展，主要体现在工业技术标准化、精致化和对机器美的认可上。

标准化   关于标准化问题，早在 1904 年，英国建筑师进行了初期尝试。德意志制造联盟对工业化技术的标准化予以密切的关注。1914 年，穆德休斯在科隆举办的德意志制造联盟博览会上发表演讲，陈述了自己关于制造联盟的未来发展规划和建筑的十点纲领，强调了"Norm"（规范）

1   David W. The Rise of Architectural History[M]. London: Phaidon Press, 1980: 116.

与"Form"（形式），"Type"（类型）与"Individuality"（个性）的分离对建筑和工业设计发展的重要性。

穆德休斯认为"类型学的原则是舍弃特例，寻求常例"。[1]"类型"是从个人主义走向创造类型发展的有机道路，为了制造高标准的产品，并在世界市场上畅销，只能通过类型化的产品（Typisierung）才能经济的实现。而在生产环节中，便是大型高效率企业的存在，且进行批量生产。因为"这些企业的审美能力应是无懈可击的。由艺术家设计的特种物品将不能满足要求。"[2]此后规范与形式、类型与个性的分离成为德意志制造联盟的主题，并试图发展出一种抽象的、标准化的"类型"，形成稳定的技术美学。其中，制造联盟的一个部门，赞成将包括住宅在内的设计编撰成规范，并分成各种不同的类型标准，以供日后的标准化使用。贝伦斯和格罗皮乌斯都支持穆德休斯，致力于研究"类型"，使技术的标准化在现代建筑运动中，起到了不可辩驳的重要作用，在日后一度成为风靡世界的现代主义建筑技术美学。

精致化 德国对工业技术精致化的关注始于对经济利益的追逐。在1876 年费城举办的百年博览会上，德国的工业及应用艺术产品被人们认为是逊于英美的。机械工程师弗朗兹·罗卢（Franz Reuleaux）曾报道：德国的产品"低廉丑陋"，"德国工业界应当摒弃那种仅仅靠价格来竞争的原则，转而通过智力及工人技巧之应用来改良产品，使其更接近于艺术。"[3]

1890 年随着国家政治的稳定，许多艺术家意识到粗糙、廉价的产品不会为德国带来巨大的经济收益，而英国精致的工业设计和手工艺产品给德国带来了许多启示。因此，通过提高产品质量、追求产品精度来夺取世界市场，是此时德国渴望的道路。

在具体实践中德意志制造联盟充当了先锋作用。首先，穆德休斯宣传英国工艺美术运动中的建筑及家具，突出强调了的它们的优良设计，提出精湛的设计是工艺及经济的基础。（图 3-7）随后，使用经济学论据指出将手工艺与工业和商业结合能够有效地"提升德国人的技艺水平，提升德国产品在世界市场上的声誉"。[4]此外，穆德休斯看到了从国家的角度来解决这个问题的优势，以德意志制造联盟为试点，号召社会范围内实现大型高效率企业的批量生产，使工业产品的精致化得以保证。在一系列的努力下，德国的建筑、艺术产品的生产朝着精致化的路径前进，它与技术标准化相辅相成，互为促进。工业技术的精致化不仅成为"德国制造"的标签，让英国艺术家和工业者一直寻求的既保证工业产品的艺术性，又能有效克服经济崩溃的方法，在德意志制造联盟中找到了答案。

1 克鲁夫特 H. 建筑理论史——从维特鲁威到现在[M]. 王贵祥，译. 北京：中国建筑工业出版社，2005：227.

2 同上，278.

3 David . The Rise of Architectural History[M]. London: Phaidon Press, 1980: 116.

4 世界建筑编辑部. 德国建筑工作室："德国工艺"的典范 [J]. 世界建筑. 德国制造，2004, 11(173): 22.

图 3-7　德意志制造联盟的作品　　图 3-8　透平机车间

建筑美学新秩序　虽然深受英国工业化建筑和工艺美术运动的影响，但与英国不同的是，德意志制造联盟对工业技术的态度从未摇摆不定，它站在英国建筑技术美学成就的基础上，意欲彻底地反抗历史主义的美学规则，建立更为明确的建筑美学新秩序。德意志制造联盟的设计师们甚至反对哥特建筑复兴式的技术美学实践。他们认为："开始时，人们试图从中世纪式的手工业者那里获取解救良方……而今雇佣劳动者占据了主流；如果我们要向前走的话，我们就必须赢得他们，并使他们相信，不必将商业和时尚喜好看作是洪水猛兽"。[1]

工业技术的设计改革势在必行，而预期的目的并不是建立某种特定的"风格"，而是创立不同于历史上任何时代的新的建筑美学秩序，这便是德意志制造联盟比英国技术美学实践的更为革命和进步之处。穆德休斯曾在 1908 年明确地指出："工业化将理性的工程原理施之于建筑之上，所产生的不仅仅是新的结构，还有新的建筑，以及自己的美学。"[2]

在这种建筑美学寻求下，德意志制造联盟涌现了一批表现建筑美学新秩序的代表性建筑，如贝伦斯（Behrens）设计的 AEG 透平机车间（图 3-8）、格罗庇乌斯和阿道夫·迈耶（Adolf Meyer）设计的法古斯工厂、格罗庇乌斯设计的德意志制造联盟等建筑。它们从英国建筑技术美学的滋养中成长起来，成为现代建筑运动的核心作品，促发了世界范围内的建筑美学革命。

19 世纪英国建筑技术美学的主要内容之一便是力求通过满足功能、展示技术的方式，谋求建立建筑美学的新秩序。虽然这个任务在英国没有最终完成，却在 20 世纪初的德国落地开花，最终枝繁叶茂（表 3-2）。

1　戎安. 德国现代建筑运动中新建筑思潮的寻源 [J].建筑师 .2004(1)：64

2　Quentin H, Before the Bauhaus: The experiment at the Liverpool school of Architecture and Applied Arts[J]:107.

19 世纪英国与 20 世纪初德国的建筑技术美学比较　表 3-2

		主体思想	标准化	精致化	美学新秩序	结果
英国	代表人物	莫里斯	阿什比 柏莱德	麦克默多	19 世纪英国建筑技术美学各支脉	未完成
	主要内容	艺术家、工匠和工人一起欢乐工作 工业产品是凝结人快乐的作品	手工产品标准化 预置技术体系尝试	·工艺美术运动中的优良设计	通过实现功能、技术成就，建立建筑美学新秩序 对工业技术态度摇摆不定	
德国	代表人物	德意志制造联盟				完成
	主要内容	艺术家、手工业者和工厂主组成的教育兼设计机构	规范与形式、类型与个性分离 制定各种"类型"标准	生产具有艺术内涵、面向机器生产、经济实用的产品 从国家的角度推进，大型高效率企业批量生产	在整合"建筑"概念的基础上，创立新时代的建筑美学秩序 对工业技术持积极态度，彻底反对历史主义	

3.1.3　技艺共谋的理想国：包豪斯学校

包豪斯学校是德国 20 世纪 20 年代建筑界最有活力建筑阵营，也是现代建筑运动重要策源地。它的思想既延续了德意志制造联盟，也是对英国工艺美术运动的改写。它由英国建筑技术美学发展而来，是其谱系在德国 20 世纪的重要分支，它在现代建筑技术的艺术走向、艺术构图方面的探索为现代建筑运动和建筑技术美学的发展提供了有价值的参照。

（1）对英国建筑技术美学的承袭——以利物浦艺术学校为原型

1919 年，第一次世界大战结束之后，包豪斯学校成立。它整合了魏玛美术学校与魏玛工艺美术学校，以 19 世纪末的英国利物浦艺术学校为原型，在总结、集合了现代工业设计经验和现代艺术优秀人才基础上建立起来。取名为魏玛公立建筑学院（Des Staatlich Bauhaus Weimar），简称包豪斯，其主要目的是为德国培养新型工业产品和建筑设计人才。

包豪斯存续于 1919 年至 1933 年之间，虽然它的创建与当时德国艺术教育改革的大背景密不可分，但其主导思想和追求可追溯到英国 19 世纪的建

图 3-9　费宁格的版画　　　　图 3-10　包豪斯绘图室

筑技术美学核心内容。包豪斯对英国教育实验的学习，同样受益于穆德休斯
的信息传播。穆德休斯在英国期间曾对利物浦艺术学校的革新式教育感兴趣，
并将它的具体内容撰写在《Port Sunlight》一书上。因此，包豪斯的教育目标、
教育方针和课程安排上大体承袭了英国的利物浦艺术学校，以其为基本原型。

　　在教育目标方面，包豪斯的追求是"再次将所有工艺美术结合起来"、
建立"艺术的统一作品"。这一内容由格罗皮乌斯在 1919 年发表，并配以
费宁格（Lyonel Feininger）的木刻版画（图 3-9）。他说："让我们建
立一个崭新的行会，其中工匠和艺术家互不相轻、亦无等级隔阂。让我们共
同创立新的未来大厦，它将融建筑、雕塑和绘画于一体，有朝一日它将从成
百万工人手中矗立起来……"[1]这与英国利物浦艺术学校的主旨是一致的，
即"建立艺术与使用技术密切结合的现代设计原则"。

　　另外，包豪斯对于在"最优秀的艺术家和工匠之间、工业和市场之间的
真正合作"[2]的追求，也直接来源于英国的启发。与杰克逊的建立"不是建
筑师的学校，而是建 筑的学校"，"建筑姊妹学科一起工作学习胜过只学
习建筑，利物浦学校将会对建筑师和建造者一样有用"[3]等宗旨相吻合。

　　在教学方针上，包豪斯的教育主题几乎每一个都来自于十余年前的英国
教育实验的部分内容：提倡自由、独立的艺术创造，反对因循守旧的模仿；
主张将手工艺同机器生产结合起来；并在此基础上，注重从理论素养和实践
操作两个方面培养学生；强调各门艺术之间的交流融合。他们在格罗皮乌斯
的倡导下，在德国进一步实践。

　　虽然，在包豪斯中，具体的方针内容有了更明确的时代性和积极性，如，

1　[美]肯尼斯·弗兰姆
普敦．现代建筑：一部批
判的历史 [M]. 张钦楠，等
译．北京：生活·读书·新知
三联书店，2004: 131.

2　Marvin T. Isabelle
Hyman. From Prehistory
to Postmodernity[M],
London: Penguin Books
Ltd., 1983: 99.

3　同上，101.

图 3-11　包豪斯设计的打字机

对待工业技术方面，格罗皮乌斯认为新的工艺美术家既要掌握手工艺，又要了解现代大机器生产的特点；在艺术交流方面，包豪斯大胆地提出工业产品、建筑设计应向现代艺术借鉴经验，等等。但其主要方针指向，依旧与利物浦艺术学校为代表的英国建筑技术美学的教育实验保持高度的一致。

在课程安排方面，包豪斯与利物浦艺术学校只是在具体细节上略有不同。包豪斯同样设有面向社会应用的工艺美术学科。这些课程典型地沿袭了利物浦艺术学校灵活、综合的方式，打破了学院派墨守成规的教学，打破了建筑师与工程师的学科界限，有利于培养全方位的建筑人才。但是，包豪斯在课程的设置上较利物浦艺术学校更倾向于艺术化，并避免了较为松散的弊端。[1] 另外由于时代的进展和包豪斯对工业技术的积极态度，包豪斯的课程中除了研究家具和室内设计、建筑构件、灯具、木工、玻璃等工业化产品外，[2] 还涉及重型技术的设计，例如轻型机器、船、飞机、摩托车等内容，这些在 19 世纪末的英国是很少被关注的（图 3-10、图 3-11）。

（2）现代艺术对于建筑形式构图的启发

英国建筑学者昆汀·雨果认为："包豪斯作为一种建筑和工艺美术的教育实验，相比于英国 19 世纪末的教育实验来说，其主要成功之处就在于聘请了正确的人员。"对此，格罗皮乌斯不无自豪地宣称："我聘用了当今最优秀的画家、雕刻家、建筑师。"[3] 大量优秀艺术家的聘用，不仅使包豪斯成为 20 世纪 20 年代欧洲大陆现代艺术的中心，而且各类艺术流派的构图方式为现代建筑带来了富有价值的启迪，优化了建筑技术美学的形式表达。

在 1919 年 4 月包豪斯成立之初，格罗皮乌斯便提出了他的艺术目标："我们希望帮助之前的艺术家去发掘设计中精致的古老韵味，实施出来，使他们感到画板上的工作仅仅是时尚乐趣的序曲。"[4] 随后，格罗皮乌斯邀请了当时欧洲大陆前卫艺术家来包豪斯担任教学工作。例如，抽象派画家康定

1　Quentin H, Before the Bauhaus: The experiment at the Liverpool school of Architecture and Applied Arts[J]:106.

2　[英]尼古拉斯·佩夫斯纳.现代设计的先驱者——从威廉·莫里斯到格罗皮乌斯 [M]，王申祐，王晓京译.北京：中国建筑工业出版社，2001: 145.

3　Quentin H, Before the Bauhaus: The experiment at the Liverpool school of Architecture and Applied Arts[J]:107.

4　同上，108.

图3-12　康定斯基的绘画作品

斯基（Wassily Kandinsky）、保罗·克利（Paul Klee），雕刻艺术家费宁格、莫霍伊·纳吉(Laszlo Moholy-Nagy) 等人。他们不仅把各自的艺术作品和思想带到了包豪斯，同时也将现代艺术引入包豪斯（图3-12）。正如印象主义在色彩和光线方面取得的新经验，丰富了建筑的表现方法；立体主义和构成主义的几何构图方法对建筑和实用工艺品的设计很有参考意义。在抽象艺术的影响下，包豪斯的教师和学生在设计中拥有了更明确的艺术原则：反对装饰、表现结构、关注材料质感、寻求色彩搭配，并在此基础上逐渐发展出灵活多样的非对称的构图方法。这些努力对于现代建筑尤其是建筑技术美学的发展起了有益的作用。在今天的建筑技术美学表达中依然能够感受到抽象艺术的影响。

（3）代表作品——包豪斯校舍

　　1925年，由于国内的政治原因，包豪斯学校被迫搬迁至德骚。在德骚的新校园中，格罗皮乌斯亲自设计了校舍，该建筑同包豪斯学校一道成为现代主义建筑运动中的代表，极致展现了建筑技术美学精神。

　　包豪斯校舍是一个集合了教学、实验、居住、生活等多种功能的复合公共建筑，建筑面积约一万平方米。格罗皮乌斯从建筑的功能出发，将建筑主要分为四个部分：（1）教学部分。主要容纳各种教室、演讲厅和工艺车间，是整个建筑的主要体量。该体量面向街道，共四层，采用钢筋混凝土框架结

图 3-13　包豪斯校舍

构，以满足各类演讲厅、工艺车间的大空间、不同尺度的实际功能需求。（2）
生活部分。主要包括学生宿舍、食堂、礼堂、生活设备用房等空间。学生宿
舍位于教学楼后侧的 6 层的小楼里，在宿舍和教学楼之间是单层的食堂和聚
会礼堂，方便教师和学生从教学楼和宿舍进入。（3）职业学校部分。如前
文所述，包豪斯学校仿效英国利物浦艺术学校，同样设置了面向社会的职业
学校。该部分空间位于距离教学楼 20 余米的 4 层小楼中，单独布置。既与
教学空间分割，又通过之间的过街楼相联系。（4）办公部分。办公部分是
四个部分中最小比例的空间，主要位于两层过街楼的中间位置。[1]

　　包豪斯校舍透彻地将 19 世纪英国建筑技术美学中的精华和包豪斯学校
的设计宗旨表达出来：

　　在空间上，以实用功能作为出发点；构图上，采用了灵活的不规则方法，
兼具功能色彩和抽象绘画艺术的特征；在外显形态上，除了教学部分采用了
框架结构之外，均为砖与钢筋混凝土混合结构，外墙白色抹灰、平屋顶，简
约而朴素，尊重了建筑材料和结构的自身特点，通过建筑本身获得艺术效果
（图 3-13、图 3-14）。

　　在结构上，该建筑采用钢筋混凝土的楼板和过梁，墙面相对自由。因此
墙面开窗可从功能出发，按照房间的需要而布置。校舍车间部分采用三层的
大片玻璃外墙，局部是连续的横向长窗，宿舍部分是整齐的门连窗。自由灵
活的门窗形式，得益于现代材料和结构的优越性能。[2]

1　罗小未. 外国近现代
建筑史. 第 2 版 [M]. 北
京：中国建筑工业出版社，
2004: 69.

2　格罗皮乌斯 W. 新建筑
与包豪斯 [M]. 北京：中国
建筑工业出版社，1979: 1.

图 3-14   包豪斯校舍平面图

在外观上，包豪斯校舍几乎放弃了所有装饰性线脚。同传统的公共建筑相比，是非常朴素的，然而它的建筑形式却富有变化。例如，建筑外墙上虽然没有壁柱、雕刻等装饰要素，但是格罗皮乌斯却借鉴抽象绘画艺术的构图手法，将雨棚、门窗洞口、栏杆、玻璃墙面、出挑阳台和素灰墙等要素组织起来，取得了简洁清新富有动态的构图效果。

在造价上，包豪斯校舍按当时货币算，每立方英尺建筑体积的造价仅 0.2 美元。在这样的经济条件下，这座建筑比较周到地解决了使用功能问题，同时又创造了清新活泼的建筑形象。[1]

格罗皮乌斯通过包豪斯校舍进一步阐明了自我的建筑美学观点：现代建筑在摆脱传统建筑的美学规则束缚之后，能够更灵活、更自由地迎合现代社会的建筑功能需求，更大程度地发挥现代建筑技术的优越性能。在此基础上，还能创造出一种前所未见的建筑艺术形式。此外，秉承现代建筑技术美学的包豪斯校舍也充分证明了，现代建筑能够较为科学经济地将功能、材料、结构和艺术各个要素融合起来。同学院派建筑师的做法相比较，这是一条多、快、好、省的建筑设计路线，符合现代社会大量建造实用性房屋的需求。

因此，包豪斯校舍是现代建筑史上一个重要里程碑，也是英国建筑技术美学谱系发展到德国后的杰出作品，它凝结了 19 世纪英国建筑技术美学的精神主旨，也透彻地诠释了德意志制造联盟、包豪斯学校等进步的德国现代建筑机构的思想精髓。包豪斯的活动及它所提倡的设计思想和风格，在世界范围内引起了广泛的关注，成为进步的、革命的艺术潮流中心。

1　格罗皮乌斯 W. 新建筑与包豪斯 [M]. 北京：中国建筑工业出版社，1979：35.

3.2　现代思维的多枝脉派生

19 世纪末英国建筑技术美学发展成熟，其文化辐射力覆盖了欧美大陆乃至亚洲。在通向现代的进程当中，诸多国家都不同程度地接受了英国建筑技术美学的主要精神，并在此基础上发展成符合本土审美习惯和文化风俗的建筑美学。它们在英国建筑技术美学滋养下派生出来，构成了英国建筑技术美学谱系中不可分割的枝脉。

3.2.1　美国现代建筑的开端：理查森与赖特早期思想

美国作为英国昔日最大的殖民地，在相当长的时间内仍然将英国视为自己的文化母国。19 世纪 70 年代英国建筑技术美学被带到美国，在那里被美国建筑师连同法国的建筑风格一起消化吸收，具备了新的活力，伸向更广阔的领域。英国建筑技术美学在美国的枝脉延伸过程中，建筑师亨利·霍布森·理查森（Henry Hobson Richardson）和弗兰克·劳埃德·赖特（Frank Lloyd Wright）成为关键的人物。他们在接受、发展英国建筑技术美学的同时，开启了美国现代建筑的序幕。

理查森被称为告别历史主义风格，寻求美国现代建筑的开山建筑师之一，对芝加哥学派影响至深。木板瓦风格（Shingle Style）和理查森罗曼风格（Richardsonian Romanesque）是他对于美国现代建筑的突出贡献，而二者均受到英国建筑技术美学的影响。

木板瓦风格是 19 世纪后期美国的一种民用建筑风格，代表建筑是理查森于 1882 ~ 1883 年设计的斯托顿住宅，其主要特征为：不对称、带有流动感的室内平面；敦实厚重的体量；简洁朴素的外观；适宜比例的方格窗；连续的带状线条贯穿于体块之间，等等。这些内容可与沃伊斯那些带有技术美学特征的建筑遥相呼应，也构成了理查森日后建筑作品的主要特征（图3-15）。

"理查森罗曼风格"是理查森对美国现代建筑贡献最突出的内容。这种风格由木板瓦风格发展而来，带有朴素敦实、灵活实用的基本特征。建筑表现出的结构力量感、对材料纹理的重视和丰富多色的结构彩饰，直接来源于英国哥特建筑复兴的典型特征。其代表作是 1873 ~ 1877 年建造的波士顿三一教堂 (Trinity Church)（图 3-16），1885 年在芝加哥建成的马歇尔·菲

图3-15　木板瓦风格住宅

图3-16　波士顿三一教堂

尔德批发商场（Marshall Field Wholesale Store）。对于菲尔德商场，美国建筑理论家特拉亨伯格认为，作为一种商业建筑类型，它并没有什么新颖之处，那些外墙上柱廊、窗洞的形式组织方式基本上均可追溯到19世纪60年代英国的铁或石头建造的商业化建筑立面上，如前文提到过的利物浦奥利尔会议厅等建筑。这些都表明，理查森的建筑风格探索仍然可划分在英国建筑技术美学的谱系当中。

　　对理查森进行主要承接的是美国建筑师路易斯·沙利文（Louis Sullivan）。沙利文没有与英国建筑技术美学发生直接联系，但他在理查森和赖特之间的承上启下关系，让我们对他不可忽视。沙利文的"有机"理论认为，功能绝不是单纯技术与结构层面的"功能"，而是使用建筑的形式去表现人的功能与需求。在此基础上，沙利文对待装饰的态度是"为了美学的利益，我们在若干年内应当完全避免装饰的使用，使我们的思想高度集中于那些造型完美且适度裸露的建筑上"，[1] 这也便是从装饰的角度对"有机"的阐释。

就在沙利文本人的有机思想日渐成熟，其事务所蒸蒸日上之时，另一位在美国乃至世界现代建筑史上占有关键地位的人物粉墨登场。他建筑创作思想的出发点来源于 19 世纪末英国建筑技术美学，同时也深受沙利文有机思想的影响，在具体手法上还对森佩尔"饰面理论"和日本木构文化兼收并蓄，最终形成了自己独特的风格，他就是赖特。

19 世纪 90 年代英国轰轰烈烈的工业化建筑兴建和工艺美术运动的兴起，启发了赖特对工业技术和艺术关系的最初思考。受沙利文影响，赖特心中也寻找着一种"有机"，即工业技术与艺术之间的"有机"。然而，这种技术和艺术的有机将以什么形式实现，当时对赖特来说却不是很清楚。

但时代的契机马上来临，19 世纪 90 年代，英国建筑技术美学的影响开始在美国显示出来。1898 年，美国的戈斯塔维·斯蒂克利（Gustav Stickley，1857 ~ 1942 年）远赴英国进行考察和学习，1901 年回国后创立了期刊《工艺师》（Craftman），开辟了一个专门介绍英国 19 世纪建筑技术成就和艺术思想的阵地。英国的建筑技术美学正式地被美洲大陆所认知。

而这期间一件使赖特受益终身的事情是，他分别在 1896 年和 1910 年拜见了英国建筑师阿什比，就工业技术和艺术的关系进行了面对面的讨论和交流，受到了阿什比的技术标准化思想的启发。

在 1896 年第一次见面后，阿什比在日记中记载："他（赖特）很惊喜我们的意见一致，但我对他做了额外提醒：平均化基础上的个性因素依然要考虑，用来补充艺术家的创作。"[2] 随后，赖特在信中说，他一直对阿什比在《建筑评论》中发表的文章保持关注，"满怀渴望地读你的报告和作品，我的耳朵是跟随你的，眼睛也在捕捉你的工作信息"。[3] 1908 年，赖特在读过阿什比的《竞争工业社会中的匠人关系》（Craftsmanship in Competitive Industry）一书后，给阿什比写信，邀请他合适的时候就书中的内容进行讨论，并于 1910 年在开普敦再次会面，甚至进行了激烈的争辩。[4] 这些活动让赖特对阿什比所提出的技术标准化思想有了近距离的了解，为他对于工业技术和艺术融合的问题打开了一扇门。

随后，受到森佩尔的"饰面理论"和日本木构架建筑的影响，赖特就技术的标准化问题，在饰面材料和模数化构件之中找到了答案。他早期木构的

1　路易·沙利文. 建筑的装饰 [M]. 北京：中国建筑工业出版社，1992：12.

2　Alan C. Ten letters from Frank Lloyd Wright to Charles Robert Ashbee[J]. The Architecture Review. 1966(11):71.

3　同上，65.

4　Nikolaus P. Frank Lloyd Wright's Peaceful Penetration of Europe[J]. The Architects Journal, 1939(IXXXIX): 731-734.

图3-17　模数化的织理表皮

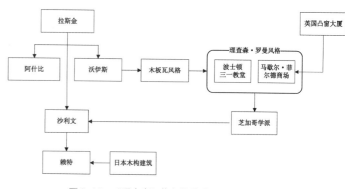

图3-18　"理查森"节点的谱系图

住宅建筑，均无一例外地采用了重复模数框架体系进行设计。例如，1902年落成的罗斯住宅（The Ross House）采用了3英尺见方的设计模数，每隔一英尺用板条覆盖固定外墙木板材料。

这是赖特利用工业生产的方式，采用标准化、模数化的木构件，对理查森式的美国木板瓦建筑风格进行简化处理，同时对来自英国、德国和日本的不同思想、手法进行综合的消化和处理，形成独特的个人风格。这种模数技术系统被称为赖特的"织理元素"，并在此基础上发展成混凝土材质的"织理性砌块"（图3-17）。

对此，赖特自己认为自己受到了技术标准化的影响："标准化是机器生产的灵魂，它可能是第一次真正被建筑师掌握，这就是想象的力量。没有做不到的，只有想不到的"。[1]最后甚至将自己比喻为一名"织筑者"（Weaver）。

赖特的一生为美国现代建筑做出了不朽贡献，与沙利文不同的是，有机概念对于赖特而言，是与建筑的新材料和新需求等进化概念相关联的。这一思想内容和具体的解决手法都受到来自英国建筑技术美学的影响，在此基础上赖特将英国建筑技术美学的部分内容与其他因素相融合，在现代建筑的技术创新和美学理念上走得更远（图3-18）。

3.2.2　维也纳的实证主义：瓦格纳与路斯

在19世纪后期的欧洲世界里，英国在建筑和艺术方面的强烈影响无处不在。英国建筑师麦金托什将他介于新艺术运动和现代建筑之间的设计手法传达给欧洲大陆的维也纳，激起了维也纳同行们对英国建筑的向往，使维也纳成为新建筑思想在中欧地区的第一个重要的前哨阵地。

1　William A S. The Architecture of Frank Lloyd Wright: a Complete Catalog[M]. MA: The MIT Press, 1979: 214.

图 3-19　维也纳邮政储蓄银行室内

图 3-20　维也纳邮政储蓄银行内柱

在这一趋势下，维也纳建筑界产生了革命性的"分离派"(Secessionist)，也出现了被称为"实证主义"的建筑师，其代表人物为：奥托·瓦格纳（Otto Wagner）和阿道夫·路斯（Adolf Loos）。他们的创作思想和作品均在关键部分受到英国建筑技术美学的启发，不同程度地予以发展，因此，我们可以将之纳入到英国建筑技术美学谱系当中来。

瓦格纳曾先后受教于维也纳理工学院和具有申克尔传统的柏林建筑学院，深受英国 19 世纪工业化建筑和申克尔、森佩尔的影响。瓦格纳反对历史主义风格，认为风格应该是新材料、新技术和社会变化的产物。他对技术美学提出了自己的观点："如果现代建筑要展示出时代精神，它必须是简洁的，实际的，任何没有经过实践的东西都不可能是美的。"[1]

在瓦格纳所处时代的维也纳很少有完全脱离历史主义风格的建筑，但他于 1904 ～ 1906 年设计的维也纳邮政储蓄银行（Postal Savings Bank）将这一具备现代性的技术美学大胆地展示了出来（图 3-19）。该建筑的室内语汇被认为是明显地来自于 19 世纪英国火车站、水晶宫或相关建筑的美学源泉。整个建筑像一个庞大的金属盒子，它室内的白色大理石全部用抛光的铝铆钉固定，玻璃雨棚框架、入口大门、扶手和栏杆，以及银行大厅中的金属陈设也都是铝的。弯曲的玻璃屋顶由逐渐变窄的金属支柱支撑，彩色的陶瓷装饰墙面，嵌有分散的玻璃透镜为地下室照明（图 3-20）。整个建筑带有浓厚的英国建筑技术美学色彩，彩色的墙面装饰与哥特复兴建筑的彩色装饰相呼应，玻璃屋顶与铝柱、铝质构件的结合则将 19 世纪英国工程师的语汇再度重塑。然而，瓦格纳在这里并不是简单地重现 19 世纪火车站和展

1 Nikolaus P. The Sources of Modern Architecture and Design [M]. London：Thames and Hudson Ltd., 1995：136.

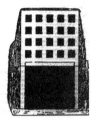

图 3-21　批评路斯建筑设计的漫画

览馆的技术组合方式，而是试图创造一个用现代材料反映现代生活，由反历史主义的方式来实现纪念性建筑形式。

在 20 世纪来临之际，维也纳又为现代建筑贡献了另一位实证主义建筑师，他就是路斯。路斯被佩夫斯纳等建筑理论家认为是典型的亲英派建筑师，对盎格鲁－撒克逊的民族文化偏爱有加。

路斯被纳入到英国建筑技术美学谱系当中的原因，一方面在于他对英国理性务实精神的欣赏，关键性地决定了他对于建筑装饰的独到见解；另一方面则具体地表现为他的"体积规划"理论的建立，深受英国哥特复兴建筑的空间处理方式启发。

路斯因其"装饰就是罪恶"在建筑界人尽皆知。这句著名格言也为他带来了不少的误解（图 3-21）。事实上，将这一看似偏激的观点置于路斯当时所处的历史背景下，则是具备一定的合理性和复杂性。

路斯对于装饰的反对，首先来自于对历史主义风格的抗拒，他提倡英国建筑般的理性、务实精神，简化装饰。

19 世纪 70 年代维也纳依然充斥着历史主义风格的建筑，空气中带有浓重的历史倒退的味道。这使得在欧美国家旅居多年，深受英美建筑文化影响的路斯，难以接受，并对此进行了批判。路斯对英国人的务实理性精神大为赞赏，他自问自答："今天是否还有什么人以一种古希腊人的方式来工作吗？当然有！那就是作为一个民族的英国人，和作为一个行业的工程师。英国人和工程师就是现代的希腊人。"[1] 英国中等阶层生活中那些精致而符合规范的、由工匠们生产的物品，被路斯认为带有英国式的"庄重的节制"。为此那些带有英国趣味的产品，如衣着、运动服和个人用品等被作为广告出现在路斯1903 年出版的杂志《另类》里，该杂志的副标题《一本把西方文明介绍给奥地利的期刊》即表明了路斯的意图。

同样，在建筑方面，路斯认为令他心悦诚服的"大师"不是那些在绘图

1　The Architecture of Adolf Loos: Council exhibition[M]. London: Arts Council of Great Britain. 1985 : 54.

图 3-22　莫勒住宅

房中稿纸上"设计"的建筑师，他们的工作带有虚伪的色彩。[1]他心目中理想的建筑师是那些从实际需求出发，诚实于工艺，无意于装饰的砌筑工匠。因此，从这个角度来看待路斯的反装饰言论，能得到真实的解读。路斯反对装饰绝不仅是因为它浪费许多劳动和物料，而是因为它本身"体现了对工艺奴隶的恶意处治"。他坚定地认为，一件美的作品，必然依赖它的实用价值。装饰仅仅是某些时代的表现，但绝不是现代。[2]而这一想法又与拉斯金和莫里斯有着不谋而合之处。

　　那么，去除了装饰，建筑的美通过什么介质来体现？路斯同样给出了他的答案——材料。路斯认为，高贵的材料和精致的工艺，同样能够具备装饰所起到的华贵、丰富的审美效果。不仅如此，现代社会丰富的材料和精湛的加工工艺，能够使建筑拥有更多的材质、纹理和细部。他说："丰富多样的材料和优异的做工不应该仅仅被认为是弥补装饰的不足，而应该被认为它在丰富感上远远超过装饰。"[3]

　　此外，路斯从英国建筑技术美学中吸取的养分还延伸到空间问题。1905 年，当穆德休斯的《英国建筑》三卷本以德文出版，书中所介绍的以哥特复兴建筑为代表的不规则、灵活、以功能为基础的英国建筑空间给路斯以关键启发，逐渐发展为他个性化的"体积规划"空间概念。

　　"体积规划"的核心在于对空间单元三维性的重视，它强调设计者对建筑中的每一部分空间都要有三维向度上的考虑。例如，1910 年的斯坦纳住宅就是一个内部组织复杂的空间体系，而莫勒住宅则以错层住宅的设计将"体积规划"的空间概念达到顶峰（图 3-22）。在 1913 年设计的鲁夫尔住宅中，路斯继续发展体积规划概念，门窗开口更加自由，完全依照内部空间的自然位置设置，由此产生了平面与立面对位的设计手法。

　　在路斯实现"体积规划"的案例中，通常主要楼层的平面会根据使用功

1　Reilly C. The Training of Architects. London[J], The Architectural Review, 1905(07): 241-56.

2　Jane O. Newmon and John H. Smith. Adolf Loos, Glass and Clay[M]. Cambridge: MIT Press, 1982: 35.

3　Max Risselada. Raumplan versus plan libre: Adolf loos and Le Corbusier 1919-1930[M]. New York: Rizzoli, 1987: 19.

能而出现"层"之间的错动,而且局部空间开放。尽管他也强调结构的明晰性和结构的理性化,但他的这种强调都是为空间服务的。在路斯的理念里,建筑的初始形态并非结构,而是空间,因此,对于技术美学的表达,路斯更偏重于通过空间的计划来创造各种效果。而这也正是他在英国建筑经验基础上对技术美学所做的有益贡献。[1]

路斯在英国建筑技术美学中吸取营养,丰富了这个美学谱系,然而他最终将思想和成就扎根于自己的文化土壤,其果实则面向世界范围内的现代建筑,对接下来的现代建筑师起到了先导作用(图3-23)。

3.2.3　日本建筑现代经验的引入:孔德和辰野金吾

明治维新为日本通往现代世界拉开了帷幕,从此日本社会逐渐摆脱了封建体制,进入现代化的发展轨道。这一时期日本政府不仅派出了使者团远赴欧洲学习现代化经验,而且以开放、宽容的姿态欢迎欧洲各国的先进知识和人士来到日本,这些行动促使了日本各个领域的革新。

在建筑领域,日本对欧洲先进的现代经验进行了考察和学习,为了充实自己的工部省和其附属大学的造家学科,先后邀请多位外国教授来日本讲学,但由于日本当时属于文化落后国,许多赴日讲学的欧洲学者报以轻视的态度,导致在日本相关工作夭折。

终于,在明治十年(1877),24岁的英国建筑学者——约舒亚·孔德(Josiah Conder)以教授的身份由伦敦来到了日本,将自己在英国多年积累的建筑经验带到日本,也将英国建筑技术美学向日本建筑界展示,真正开启了日本建筑的现代模式。

孔德在英国曾先后进入南肯辛顿美术学校(South Kensington Arts School)与伦敦大学(London University)学习,并深受哥特建筑复兴盛期的代表建筑师——巴杰斯的影响,投入到19世纪中期的哥特建筑复兴运动当中(图3-24)。

当孔德来到日本之后,自然而然地将自己的知识体系带到建筑教育当中。

在建筑教育的具体过程中,侧重对建筑本体论的讲述,以及从历史和构造的角度去组织建筑学的教育体系。例如,出于建筑构造学的"能够支撑某个重量的钢铁骨架的剖面大小"等,而这些涉及19世纪英国建筑技术美学的内涵,带有现代色彩,让日本建筑界首次对"建筑的国民性"、"结构的逻辑性"、"技术与风格的连接性"有了系统的认知。这些内容均被作为日

1　Johannes Spalt. Adolf Loos and the Anglo Soxon[M]. London: Arts Council of Great Britain, 1971:89.

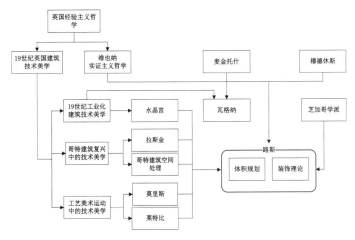

图 3-24　约舒亚·孔德画像

图 3-23　"路斯"节点的谱系图

本建筑教育体系中的基础内容，时至今日，它们仍在日本研究所考试题目中占有一定的比例，足可见其影响程度。

孔德将建筑美学部分纳入到建筑教育体系中，这种系统化、正规化地对美学加以研究，在日本建筑教育中尚属先例，也是日本建筑教育走向现代化的标志性特征之一。孔德认为建筑的本质就是结构技术和构造技术，而那也应当是"美"，并且他认为这种"美"是存在于结构秩序清晰、技术关系井然的歌特建筑之中的，能够将这种美在制图板上呈现的人便被称为建筑师。不难看出，孔德的观点显然来源于普金和拉斯金，他不仅将英国建筑技术美学亚枝——哥特建筑复兴中的美学理念带到了日本，更重要的是将英国建筑技术美学中的理性、逻辑化的思维进行了现代提炼，对接下来日本建筑的发展起到了非常重要的现代启蒙作用。

在孔德的教导和努力之下，由明治十二年（1879 年）到十九年（1886年），共毕业了八届学生，这些人成为日后日本建筑界的磐石。孔德因此被称为"日本建筑之父"。

孔德不仅将英国建筑技术美学中的现代经验引入到日本现代教育体系，同时也创作了一定数量的建筑作品，如栖川宫邸和北白川宫邸等等，对日本近代住宅的进步有着相当大的影响力。但他培养的子弟辰野金吾、曾祢达藏等人则在日本现代建筑实践中贡献了更多的力量。

辰野和曾祢两人年轻时获得了赴英国学习的机会，尤其是辰野在伦敦留学的收获可以算是非常全面。辰野就读于伦敦大学罗杰·史密斯教授门下，同时在威廉·巴杰斯事务所工作获取实务经验，其学习历程似乎完全在追溯着十年前孔德老师的足迹。在英国学习了三年之后,辰野于明治十六年(1883年)归国,接替了孔德的工部大学校造家学科的教授和校长职位。[1] 辰野更明确、更具备针对性地将 19 世纪英国建筑技术美学的经验引入到日本,加速了日本建筑的现代化进程。

首先,辰野将英国建筑技术美学的革命精神、技术热情和理性思维引入到日本的建筑教育中,为日本青年学生带来崭新的视野。英国工业革命所带来的技术进步,让辰野等赴英学习的日本学子耳目一新,他们目睹英国的工业技术成果幻化成世界上最早的钢铁建筑骨架,产生了蒸汽机车高速运行,生成了一系列高效的技术产品,也亲身感受了技术理性精神的巨大威力。辰野等人将这些感触和见闻带回日本,融合在工部大学校的教育中,甚至将务实、理性、重视技术的精神作为工部大学的校魂。这一举措的成功实施,为日后日本现代建筑的发展奠定了求实、重视技术的基础,这一思想精髓的影响至今在日本建筑中仍然清晰可见。

其次,在建筑学高等教育的具体内容上,辰野规定所有有志于学习建筑之士,都必须充分以自己的大脑和双手体验过什么是英国哥特建筑以后,才可在社会上立足。这一举措在日本现代建筑教育中,大大强化了英国建筑的地位,使英国建筑技术美学通过切实的课程训练,扎实、稳定地留存于日本现代建筑体系当中。

再次,在建筑社会团体组织上,明治二十年(1887 年)在辰野的倡导下,模仿英国皇家建筑家协会 R.I.B.A. 组成了日本建筑学会,并发行了名为《建筑杂志》的机关志。辰野作为日本建筑学会的会长,不仅为日本建立起教育界、学术界集中信息的基地,而且通过这一组织将英国建筑技术美学的思想传播的更广。

20 世纪初,日本先后出现了现代化的建筑师设计事务所,并由此产生了一批具备现代气息的建筑作品,如日本银行本店、日本银行、三菱银行、东京火车站等等(图 3-25、图 3-26)。

综上所述,经由孔德和辰野金吾两代建筑师的共同努力,日本建筑界伴随着整个社会的现代化进程,也逐渐具备了现代化的雏形。由于此时的日本与英国的建筑文化差异悬殊,对于英国现代建筑的经验,以一种全盘吸纳的姿态承接,于是,日本的现代建筑体系快速地建立和发展起来。虽然,在此过程中,日本建筑界也不时地向其他欧美汲取养分,但英国建筑技术美学在这一过程中,始终作为主导力量而存在,从建筑上层体制和基础实践两个方面占据主流,成为日本现代建筑启蒙和发展不可争议的文化源国(图 3-27)。

1 矫苏平,井渌. 传统与创新:试析日本现代建筑传统继承的方式 [J]. 华中建筑, 1999(03): 37.

图 3-25　东京火车站

图 3-26　日本银行本店

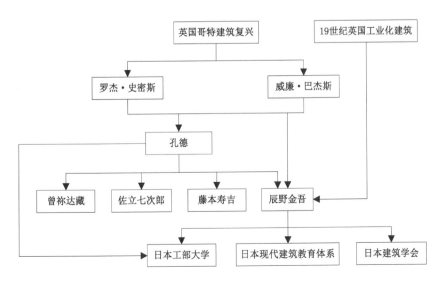

图 3-27　日本"孔德"和"辰野金吾"节点的谱系图

3.3   理性精神的源国蛰伏

"传统是一种巨大的阻力，是历史的惰性力"。20世纪初的英国建筑界正是此话的真实写照。欧美大陆的现代主义运动风起云涌，德国、美国和法国陆续粉墨登场，扮演了重要角色。而现代建筑的发源地——英国却在这一决定性时刻选择了弃权。[1]英国人最终没能战胜他们性格中的弱点：保守。他们抵制革命、拒绝看似激进的行为。因此，在建筑和艺术的现代革命真正到来之前，畏首畏尾。于是刚刚被现代理性精神驱遣的历史主义以逆流的形式回返，而伴随着英国现代建筑的诞生而孵化出来的英国建筑技术美学，也在这个现代精神冰冻的时期中蛰伏了。在此后的三十年间，英国建筑止步不前。

3.3.1   历史主义风格美逆袭

正如佩夫斯纳所说："在20世纪的第一个40年，无一英国人名需要在此提及。英国在建筑和设计方面领导欧洲和美国很长时间，现在它的优势也已宣告结束。"[2]这种优势的逝去，并不局限在建筑的范畴，同样也出现在英国社会的经济和思想领域，然而这一状况的出现，要从英国人引以为豪的"绅士精神"谈起（图3-28）。

如前文所述，在19世纪晚期的英国社会普遍存在着"向社会上层看齐"的趋势。昔日工业革命中的暴发户——新兴的工业巨子，依靠节俭和勤奋在经济上打败了贵族之后，却发现社会的最高层价值取向仍然是由贵族控制的，而他们自己既没有显赫的出身，也没有光荣的头衔。

于是，在具备了坚实的经济基础后，新贵阶层并不是利用自己所获得的财富去创造新的门第和荣誉——如同他们在美国的同行那样，而是千方百计地屈就于贵族的优势，拼命地挤进贵族行列。自19世纪20年代——与工业革命时隔大约一百年之时，工业家们向贵族的精神优势认同了，一种重新复兴的贵族理想开始蔓延。社会的新富群体，即资本家们不再将工商业活动作为生活的追求目标，而是转而向贵族的生活方式和精神文化取向靠拢。追逐利益不再是他们的目的，而是聚敛财富，享受贵族生活的手段。这一思想的转变，目的与手段的倒置，看似缓和，却在无形中导致了长远的后果。向贵族看齐的思想，腐蚀了工业资本家的事业心和进取心，削弱了他们昔日理性、务实的创业精神，不断积累、投资、扩大再生产的传统

1   Nicklaus P. An outline of European architecture [M]. London: Penguin Ltd, 1968: 398.

2   同上，394.

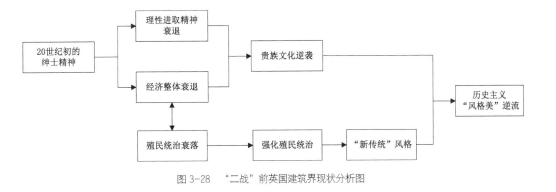

图 3-28　"二战"前英国建筑界现状分析图

消退了。当英国资本家们甚至工业世家不再追求生产的最大利润，不再把"金钱看作是主要目标"，不再看重与生产相关的一切企业行为，这便从根本上导致了 19 世纪末英国开始的经济衰退，[1]并在 19 世纪中叶发展至低谷。

　　昔日工业生产独占世界市场的鳌头，其他国家不能望其项背，甚至被誉为"世界工场"的英国实力逐渐削弱了。从 19 世纪中叶开始，素来被英国引以为豪的科技领先地位受到威胁，欧洲大陆的其他工业国家，如德国、法国都先后赶上并超过了英国。而在 19 世纪下半叶，当英国的企业家们继续故步自封之时，德国甚至大洋彼岸的美国纷纷采用当时最先进的工业技术和机器设备来武装自己的工业。英国的急流勇退，美、德等国的飞速发展，这种一进一退的态势很快显露出差异。到了 19 世纪 80 年代，德国、法国、美国、俄国等欧美大陆的主要工业国家，对外贸易已超越英国。[2]英国许多海外市场被上述国家争夺和占领，其海外贸易受到了极大冲击，甚至英国本土的市场也遭受威胁。

　　在无情的现实和激烈的竞争中，昔日朝气蓬勃、锐意进取的英国，却如同被捆住了手脚一般。绅士风度有如一个不易被人察觉的禁锢。此时的英国，面对国内的经济倒退没有行之有效的办法，束手无策。其工业增长率不仅没有上升，反而从 1820 年一直保持的 3%~4% 降为 1890 年的 1%。工业投资也在持续下降，从 1850 年的 7.5%，降为 1914 年的 4.5%。[3]与此对应，进口迅速超出了出口，1880 年到 1894 年间，出口仅增加 1000 万英镑，而进口则增加了 7300 万英镑。这种比例的变化是一种悲剧性的变化，它表明，在世界上不可阻挡的竞争潮流中，英国这个最早的优胜者已逐渐落伍了。

　　刚刚成熟的英国建筑技术美学丧失了它的精神和物质双重基础。在精神方面，它紧密依赖的资本家的理性、实证与勤奋精神日渐消退，取而代之的

1　佩恩 P. 19 世纪英国企业界 [M]// 钱承旦，许浩明. 英国通史 [M]. 上海：上海社会科学院出版社，2002: 217-232.

2　波特 B. 最后的一份 [M]// 钱承旦，陈晓律. 在传统与变革之间——英国文化模式溯源 [M]. 南京：江苏人民出版社，2010: 287.

3　Marvin T. Isabelle Hyman. From Prehistory to Postmodernity[M], London: Penguin Books Ltd., 1983: 101.

图 3-29   科尔切斯特市政厅

是贵族艺术审美品位的回返。在物质方面，工业经济萧条，普通工业、商业
建筑的需求锐减，技术美学的物质载体严重受限。于是，英国建筑技术美学
又被它业已战败的历史主义取而代之，一股与时代趋势相反的审美逆流出现。

这股审美逆流首先体现在那些纪念性建筑和政府性建筑上，进而向一些
大银行、大保险公司蔓延。这些建筑虽然在内部已经采用钢或钢筋混凝土结
构，但外形继续用古典柱式把自己装扮起来，十足地表现出技术与形式的分
裂。1924 年建成的伦敦人寿保险公司，1929 ~ 1934 年建造的曼彻斯特市
立图书馆都是这样的例子。曼彻斯特市立图书馆采用钢结构，但是它的外形
是仿古的。入口处的柱廊是罗马柯林斯柱式，建筑物的上部又有一圈爱奥尼
柱式。作为骨架的钢结构在外观上完全被掩藏起来，似乎是什么见不得人的
东西，现代图书馆建筑的功能也被古代建筑样式所抑制。

压抑了许久的历史主义"风格美"在合适的气候下，似乎是开了闸的
洪水，在这一时期涌向开来。甚至许多有较高艺术造诣的建筑师也参与进
来，约翰·贝尔彻（John Belcher）设计的科尔切斯特市政厅（Colchester
Town Hall）（图 3-29），兰切斯特（Lanchester）和理查德（Richard）
设计的卡迪夫市政厅（Cardiff Civic Centre）和威斯敏斯特的中央厅
（Central Hall），诺曼·肖设计的皮卡迪利旅馆（Piccadilly Hotel）等等。

与此同时，历史主义的审美逆流并未满足英国本土的实践，它以其在政
治统摄力方面的优势，向英国殖民地蔓延，这主要体现在印度新德里"新传
统"（New Tradition）建筑风格的兴起上。

由于英国经济和海外殖民地的衰落，1931 年英国殖民主义者力图强化
对印度的统治，将印度首都从加尔各答迁到新德里。为了体现国家新政权的

图 3-30　新德里总督府

新面貌，让建筑风格达到极度的宏伟，又要避免建筑形象与旧政权、旧社会
产生联系而不合时宜。一个所谓的"新传统"建筑风格应运而生。

　　事实上，新传统是一个政治美学感非常强烈的建筑风格，在具体手法
上仍旧遵循历史主义的惯常方式，是一个相当保守的学派。它继承了传统建
筑的构图手法，基本遵循历史主义的形式原则，与历史主义传统风格只是在
形式上略有差别。由英国一手操办的新德里的规划设计，既歌颂了英国的权
力，又显示了莫卧尔皇朝的辉煌。它们给人的印象是雄伟而壮观，像纪念碑
一样，具有明显而强烈的宣传政治意识形态的作用。主要代表作品是由勒琴
斯（Lutyens）设计的新德里总督府等作品（图 3-30）。但是，由于新传
统诞生的目的是宣扬"日不落帝国人造艺术的文化"，带有政治上空虚的后
帝国建筑色彩，本身是一种没落、脆弱意识的实体化，因此并没有显示出太
强的生命力，而早早收场。

3.3.2　现代主义统摄下的沉寂

　　站在英吉利海峡向东眺望，不难发现一边沉浸在历史主义建筑风格的逆
流中不能自拔，而海峡另一端的欧洲大陆则轰轰烈烈地进行着现代主义建筑

图3-31   摄政公园建筑

运动的伟大革命。对于20世纪初（主要体现在两次世界大战期间）的英国来说，不得不用"哀伤"来形容，那曾经产生在这片土地的建筑美学形态，在其他国度如火如荼地发展，而它却充满了斑驳不一的状况。

虽然席卷了欧美国家乃至全世界的现代主义建筑运动，并没有忘却这个滋养它初生的国度。但由于复杂的历史因素、地缘关系以及与历史主义的纠结不清，英国在这场建筑美学革命的冲击下却表现的茫然和沉寂。

表现之一：在现代主义建筑大潮的统摄下，英国的建筑师也深受感染，并试图在技术运用和美学表达上向之看齐。然而，由于历史主义的束缚和影响，他们常常丢掉了现代主义建筑的精髓，就如同丢掉了的曾经建筑技术美学精髓一样，仅仅从表达方式上追求表面化的相似。

例如，在欧洲大陆流行着一种在砖砌墙面涂白色混凝土的做法，这一做法主要是因为当时的混凝土材质粗糙，所以为了美化而不得不寻求饰面的装饰。但英国的借鉴略显表面化。例如，约翰·纳什设计的摄政公园门阶建筑（Regent Park）就是典型的案例。砖墙面上被铺以石膏板，以横纵两种纹路来模仿巴斯的砖石；窗框为了要模仿橡木，于是在铁制的阳台、落雨管涂上古铜色；建筑中铁制的排水沟、阳台落水管等都被粉刷成奶油颜色，让人误认为是混凝土材质（图3-31）。所以，尽管纳什在当时的英国建筑界，尤其在皇室建筑师中享有较高的声望，但这一建筑仍然受到了质疑，被认为"不负责任地让砖充当了混凝土的角色"。[1] 这也明显地与拉斯金《建筑七灯》

1   HAN Brockman. The British Architect in Industry 1841 ~ 1940[M]. London: George Allen & Unwin LTD, 1974: 122.

提到的建筑"三种谎言"中的第二个谎言："通过建筑表面上的油漆去表现其他材料，而不是实际使用的材料（如在木材表面上表现大理石），或者是在表面上的欺骗性雕塑装饰"不谋而合，将 19 世纪英国建筑技术美学中真实地展示技术、不假虚伪装饰的理性精神彻底抛弃。

表现之二：一部分建筑师往往沉溺于英国往日的辉煌成就中，对现代主义建筑运动所带来的新技术和新美学不能正确地面对，表现出封闭、落后的姿态。英国建筑师凭借当年先进的技术经验和优势，对自己国家的一切持有过度的自满情绪，而对现代主义建筑运动带有偏见。例如，1937 年 H.M 工作室出版了一个关于现代建筑的年鉴，此书中记载建筑评论家菲特马里兹（R.Fitzmaurice）对现代建筑中广泛应用的混凝土这样说："混凝土作为现代材料在实践应用中发挥了不可忽视的优势，但我们没必要过分地羡慕它。因为在古代建筑中，有许多将综合材料胶粘、凝结在一起的类似方法，最为接近的就是波特兰混凝土，它可以在结构和装饰中起到令人满意的效果。目前的混凝土只是在此方面获得更多一点的强度和可能性罢了。"[1]

这里，菲特马里兹明显地对当时混凝土持有偏见态度，仅从材料的基本物理性能上看待，进而否定了现代主义建筑中混凝土带来的美学变革，无形中抬高了英国在此方面的地位和作用。而类似的态度被当时为数不少的英国建筑师持有，这对接受现代主义建筑的新美学，抑或是继续发展英国的建筑技术美学都是不利的。

表现之三：再度陷入形而上的理论纷争之中。从前文的研究和分析中，我们可以清楚地看到英国建筑技术美学的发展，一方面与建筑实践密不可分，另一方面理论上的论战和纷争一直充斥着演进过程。

在 20 世纪初的英国建筑界，面对现代主义建筑运动，出现了又一轮理论领域的"论战"，那就是"艺术家和建筑师到底谁是主导？"这起因于以柯布西耶为代表的建筑师，他们在建筑结构形态的创作中融入了大量的现代艺术因素，使它的艺术表现力大于技术表现力。这种美学表达与当年英国建筑技术美学中真实、理性地表现技术的方式大相径庭，诸多建筑师纠结于此，展开了一番讨论。此类论战自然是有利于建筑界的冷静和思考，但在现代建筑进程已经大大落后的形势下，依然纠结在形而上的思辨，将建筑实践搁置一边的做法显然是不合时宜的。

综上所述，在 20 世纪初现代主义运动席卷欧美大陆的时间内，英国建筑界表现出散乱、滞后的状态，在这种状态下，具有现代进步意义的英国建筑技术美学也失去了健康发展的动因。虽然在此方面仍然有少量的尝

1　西门尼斯 M. 当代美学 [M]. 王洪一，译 . 北京：文化艺术出版社，2005：168.

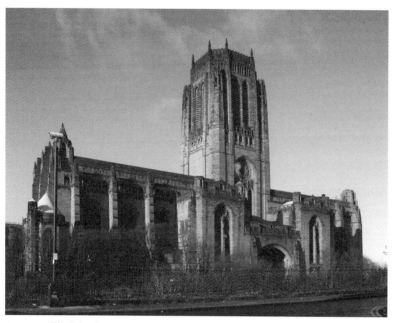

图 3-32   利物浦中心教堂

试，然而，这些设计在今天看来并没有太多的美学价值，在技术的表达上也无太多特色和突破可言。在现代主义建筑风潮盛行之时，英国建筑界表现得异常冷清而沉寂。

3.3.3   技术美学的顿滞

1901 年，德意志艺术家奥尔布里率先对日渐落后的英国建筑和艺术进行了发难，他不无嘲讽地说：“英国人没有天分去宣泄被德国人用难以数计的各种音乐形式来表达的丰富感情，英国人的精神无法用力量、狂热的行为、激动不安、想入非非来装饰性地、建设性地表现出来。”[1] 随着欧洲大陆现代建筑革命的深入，英国与德国等国家的差距日渐明显，此类抨击、略带轻视的言论不断出现。这让英国建筑界的有识之士难以接受，进而对当下的状况进行思考。

一方面：一部分建筑师意识到 20 世纪初英国建筑界的非健康状态，对当时英国仍然奉行的历史主义进行了痛彻的抨击。这种现象以 20 世纪初，利物浦中心教堂的建立为导火索。

1905 年，利物浦中心教堂建成（图3-32）。它由建筑师斯科特（Giles Gibert Scott）设计。为了迎合当时的历史主义复兴，斯科特对此建筑再度

1   Sedding J. Art and Handicraft [M] . MA: The MIT Press, 1983: 129.

采用了哥特风格。这一行为却激怒了英国进步建筑师，其中绝大多数建筑师和学生来自于以利物浦艺术学校为代表的英国艺术设计学校。他们因为自身的技术美学教育背景而对此极为反感，于是，组成了一个庞大的反抗队伍，以《建筑评论》为阵地，进行言论声讨。随后，全国上下许多艺术家和建筑师都参与其中。费斯彻（Fischer）恳切地说"对此我异常害怕，因为如果建筑的结构形态仍然浅白地跟随过去时代，无论哥特还是古典风格，都对艺术无益……建筑应该是活的，不是对过去的死尸性模仿，无论在古代还是现代"。[1] 建筑师阿丁森（Aitchison）则就此将矛头转向了当时盛行的历史主义建筑，"建筑师采用以前时代的形式已经不合时宜了，当务之急是应努力给所在时代注入欢乐……建筑应该更适合使用，通过更多的科学知识展示结构，通过建筑来表达建造的用途。"[2]

　　另一方面：对于建筑和艺术领域的落后，一部分建筑师理智地认识到本国与他国的差异。他们把更多的目光投入到英国本土，思考自己国家的审美习惯，回顾英国曾经的技术创造，如何将之应用于建筑设计实践，并尝试从几十年来的工业建筑、桥梁美学中寻找答案。例如，有的建筑师提出英国人更满足于精准的技术形象和机能运作，给他们带来的审美满足和视觉震撼。"铆钉与螺栓"（"Nuts and Bolts"）才是大多数英国人的建筑审美口味。[3]

　　此时建筑师沃丁顿（P.S.Worthington）将帕克斯顿（J·Paxton）设计的"水晶宫"高调地展示在大众视野中。他认为"水晶宫"开创了一种既颠覆帕拉蒂奥主义又不同于柯布西耶美学的新建筑风格。同时沃丁顿将帕克斯顿提升到了一个历史高度，认为他是这场现代主义建筑运动的另一个奠基人，他同样开创了一个新的建筑时代，创造了一种新的建筑美学。[4] 这一观点的提出，促使建筑界掀起了一股向水晶宫美学学习的潮流，建筑师也纷纷通过言论和创作实践表达自己对这种技术美的理解。建造于 1851 年，当时并没有受到充分肯定的建筑——水晶宫——以一个领航者的姿态影响着 20 世纪初期的英国建筑界。

　　位于诺丁汉的布斯工厂（Boots Factory）便是在这一情势下出现的优秀的作品，它以向水晶宫致敬的姿态，为英国建筑技术美学做出了有价值的贡献。该建筑由工程师欧文·威廉斯（Sir Owen Williams）设计（图3-33）。建筑的平面占地很大，运货铁路和两个大厅将平面分隔开来。结构上，威廉斯大胆地采用了宽 9.75，长 11 米的柱网，配合巨型蘑菇式柱子。柱子下面留出供运货火车通行的自由空间。柱间空间由厚玻璃幕墙围合，并支撑上

1　Weston R. Modernism [M]. London: Phaidon Press, 1996:90.

2　LeodM, Style and Society. Architectural Ideology in Britain[M], 1835 ~ 1914, London, 1971.

3　Peter M, Mary A S. New Urban Environments-British Architecture and its European context [M]. Tokyo: Munich Preste, 1998(9): 12, 12.

4　HAN Brockman. The British Architect in Industry 1841 ~ 1940[M]. London: George Allen & Unwin LTD, 1974: 146.

图 3-33　布斯工厂　　　　　　　　　图 3-34　布斯工厂室内

层的地板。在每组蘑菇柱单元中间形成了集中式空间，顶部覆以玻璃屋顶，光线通透，空间质量优秀。

建筑的外观上，玻璃和预制混凝土穿插运用，创造了具有雕塑感又充满活力的建筑。工厂的平面和结构都不是新的创举，此类平面和蘑菇状的柱子在 19 世纪末的英国工业建筑中已有出现，标准化的预制玻璃板也被欧文简化到最少。但是，这些基于工业化又带有塑性体量的技术元素，被欧文以朴素、理性、适度裸露的方式展现，让整个建筑充满了高度的精确性和能量感，完备地表达了它所处时代的工业进程（图 3-34）。它不仅让英国建筑界久违的技术美学再次闪烁了理性的光芒。因此它的落成广受关注，被《建筑时讯》（The Architect and Building News）称为："一个通向理性化建筑道路的标识。"[1]

虽然，英国建筑技术美学似乎并没有消失，只是在一定的历史环境和社会因素下隐去了光彩。但 1938 年之后，英国建筑界要么热衷地追随现代主义建筑运动，要么留恋、徘徊于陈旧的历史风格或考古工作中不能自拔，类似布斯工厂这样的建筑作品很不幸地难觅其踪。这一形成于 18 世纪，在 19 世纪走向成熟，并引领现代建筑演变的英国建筑技术美学在蛰伏中等待着新的历史契机。

1　HAN Brockman. The British Architect in Industry 1841 ～ 1940[M]. London: George Allen & Unwin LTD, 1974: 144.

3.4　本章小结

　　英国建筑技术美学，于 19 世纪末至 20 世纪初的时间里日益彰显出优势文化的辐射力，向欧美亚各国渗透，而欧美亚各国也在寻求过程中，以各自的方式吸收和接纳，使之漂洋过海在不同的文化土壤上，以不同的形式生根发芽。

　　而与此同时，英国本土的建筑技术美学则跌至了有史以来的最低谷。进步精神的丧失，传统的逆袭是导致这一残局的最根本原因。曾经带领英国建筑技术美学披荆斩棘、开辟新领域的"绅士精神"，却在这一时期成为阻碍这一进程的绊脚石。因此，任何一种进步力量都是与历史进程紧密关联的，鲜活的历史中不存在任何绝对因素，进步与滞后的力量时而进行角色的转换，英国建筑技术美学的谱系也便在这一转换中，走向了裂变（图 3-35）。

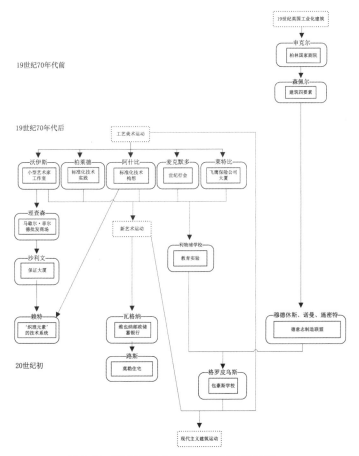

图 3-35　英国建筑技术美学裂变时期的子谱系图

第4章 谱系的复兴：
技术乡言的批判式重构

第二次世界大战之后，人类社会经历了巨大的冲击和改变。世界上主要国家的革新与变化，直接或间接地给建筑业的物质基础和创作理念带来了影响。一方面，战争中各种尖端科学技术成果，直接作用到战后的科研和工业生产，强有力地改变着建筑领域的面貌。另一方面，各个国家的民族文化意识逐渐觉醒，开始对现代主义建筑的长期统治而导致的均质化产生了质疑。于是，建筑界出现了两种趋势：对现代科学技术的研究和应用；对传统建筑文化的回望与反思。

战争停息后，英国经济趋于稳定，建筑领域逐渐恢复生机。而长期积蓄的科学技术实力和技术创新传统，使英国自然而然地在建筑创作中对技术进行探索和利用。同时，有着深厚民族文化和建筑传统的英国，此时也急于摆脱现代主义均质化风格的束缚，寻求属于自我民族特色的建筑美学。于是，二战后新一代的英国建筑师们，重新回顾了19世纪英国辉煌的建筑历史，认为曾经的建筑师与工程师，不妥协、盲从的理性精神值得钦佩，而代表理性和进步的技术美学应当被继承，以便在民族文化和时代文化上双向契合。

在这种物质基础和文化思潮下，英国沉寂了近半个世纪的建筑技术美学得到了复兴的力量。在复兴过程中，欧美大陆的技术经验给予了它宝贵的外源养分。20世纪五六十年代的英国本岛也燃起了建筑技术美学复兴的火种。在内外双重作用下，70年代末，英国建筑技术美学终于走向了继19世纪之后的又一个高潮，形成了以"High-Tech"著称的建筑美学风尚，再一次风靡世界。

4.1　辨析式吸取的外源给养

20 世纪 40 年代，英国的建筑发展依然低迷，而与之相对的是，美国作为较少受到战争波及的国家，其建筑发展不仅继续保持健康的势头，而且还接纳了从欧洲避难而来的众多欧洲建筑师。因此一跃成为世界优秀建筑师的大本营，积累了丰厚的现代建筑和技术经验。美国超越了它 19 世纪的文化母国——英国，反哺于英国建筑的发展，成为英国战后建筑技术美学复兴的养分来源之地。

4.1.1　技术的时代精神表达：密斯

二战后，对英国建筑技术美学的复兴给予最具开拓性和启发性的建筑师当属路德维希·密斯·凡·德·罗（Ludwig Mies van der Rohe）。他对技术美学的追求脱离了表面化的形式实现，转而关注技术精神的升华。这种技术美学指向，与其实现过程中的个性化、独创性的技术手法，均对 20 世纪后半期英国建筑技术美学的复兴产生了决定性作用。

密斯的早期建筑生涯，深受德国申克尔的结构理性主义和包豪斯工业化建筑技术的影响。他曾在贝伦斯事务所工作三年，并在此接受了申克尔学派的传统。他不仅在创作早期明显地受到了申克尔的影响，追求理性秩序与建造实践（the poesis of construction）相结合，重视建筑构件的精确交接，还将这一影响贯穿了建筑生涯的始终，1959 年，在一次讲演中，他明确指出申克尔的观点曾深刻熏染了自己："在旧的博物馆中，申克尔认真分离了顶棚、墙、柱等建筑元素，我确定，我设计的建筑作品也会致力追逐这些东西。"[1] 正是这样的经历，让密斯在建筑生涯之初便体现出与同时代勒·柯布西耶重视风格派美术图解的设计方式不同，更关注建筑技术的本体表达。并在 1907 年设计的第一幢住宅中，采用了典型的英国住宅（englishche）的理性、简朴、克制的手法，被弗兰姆普敦认为深得穆德休斯的思想精髓。

所有这些，都证明了密斯在建筑生涯起步时期，受到了来自英国建筑技术美学的间接影响。然而，在他创作生涯的后期，密斯的技术探索却明显地影响了接下来的英国建筑技术美学的发展。

密斯在技术美学方面的贡献，最主要的是对技术时代精神的体现。20世纪 30 年代之后，密斯对技术的关注重点转向了技术精神的追求上。密斯

1　Graeme Shankland, Architect of the Clear and Reasonable: Mies wan der Rohe, [J]. The Listener, 1959(10): 620-622.

图 4-1　沃尔夫住宅

认为所谓的机械化、标准化、技术类型都不是建筑技术应用的本质，其关键在于对时代和内在精神的诠释。而当前的时代是一个"工程的时代，一个彻底忘却古希腊城邦（polis）意识的时代，一个唯美的形式主义时代，一个远离古希腊'美感'（sense of kalon）的时代。"[1] 在这样一个他所谓的"新时代"（Die neue Zeit）中，密斯认为建筑技术的重点务必是包含时代意志的"技术精神"。

　　然而，对于如何表现技术精神，密斯进行了数十年的探索。直到密斯赴美国芝加哥之后，他才逐渐建立了沟通技术和"精神"之间桥梁。他认为，技术成为建筑，并非通过形式的自由发明，而是通过其具有时代感的整体。"我们真正的希望……建筑成为我们时代真正的象征。"[2]

　　（1）探索路径之一：发掘现代材料的建造特征，将之作为现代技术的表达方式　密斯将建造看作建筑之根本，他不止一次地表达对于建造的重视："我们只对建造感兴趣。我们更愿意建筑师使用建造一词，最好的建筑产品来自于建造艺术。"[3] 例如在沃尔夫住宅（如图 4-1）和李卜克内西和罗莎·卢森堡纪念碑中对于砖砌体的材质和砌筑方式的重视。

　　这一观念贯穿到密斯创作生涯后期，在 20 世纪 30 年代之后，他更是将挖掘现代材料本身的建造特征作为设计的重点。一方面，密斯能够清醒地认识现代工业化材料的时代局限性；另一方面，密斯找到了展示现代工业材料的合适方式：通过建造充分表现现代材料的特性，即"一切都取决于我们

1　Mies L. Die Neue Zeit, Die Form 5[M]. 英 译 本 . London: Phaidon Press, 1971: 114.

2　Edenton M D. Some Materials and Technologies. A+U, 2005(1): 27.

3　Mies L. Address of Illinois Institute of Technology[M]. Hongkong:Taschen, 1978: 204.

图 4-2　西格拉姆大厦

如何使用材料，而不在于材料本身如何。"[1] 例如，密斯对透明材料的表现。在以西格拉姆大厦为代表的建筑中，通过玻璃的使用，让混凝土或钢的框架结构显现为一种简单的结构形式，转变了建筑空间的性质，使其成为明朗、清澈的空间形态（图 4-2）。同时，密斯重视光线照耀下材料质感的表现，他创造性地将玻璃这一昔日仅在标准化、透明度上具有优势的工业化材料，作为一种透明的石材去使用，在与钢和混凝土的对接中突显了玻璃的纤薄、透彻和特有的反射光泽。

（2）探索路径之二：精致的构造，反映现代工业化的技术美学特征

密斯所认为的现代技术美学性，不是来自简单的形式创造，而是来自技术的本质特性。1950 年，他在伊利诺伊理工学院的一次演讲中说道："技术不仅是有用的工具，而且也是充满意义和力量的形式。它是如此充满力量，以致任何语言的形容都无能为力。……技术一旦充分实现自己，就转化为建筑。"[2] 密斯的这段话明确阐明了他所认为的现代技术美感的来源，揭示了"技术的本质"，一旦这一本质得以实现，技术便从工具性上升到了具有艺术性和人文性的建筑。

密斯对精致构造的塑造是以技术表现性为基础的，例如，在巴塞罗那德国馆中，8 根十字形独立钢柱是典型的点支撑构件（图 4-3）。钢柱既没有柱础也没有柱头，省略了梁的交接关系，将哥特建筑、申克尔结构理性主义中所倡导的，清晰表达结构力学关系的内容抽象与升华——对支撑观念的抽象化表现（图 4-4）。

1　Mies van der Rohe, Johnson. Mies's Inaugural Address as Director of Architecture at Armour Institute of Technology in 1938[M]. 1947: 191, 195,194.

2　刘先觉. 密斯凡德罗 [M]. 北京：中国建筑工业出版社 , 1992: 57.

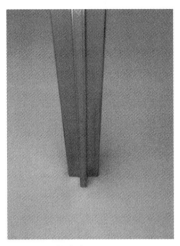

图 4-3　巴塞罗那德国馆钢柱　　　　　　　　　　　　　图 4-4　钢柱端头

　　而钢柱表面包裹的镀铬钢皮，以及所产生的直角形状和闪闪发光的效果，却成为钢柱最显著的特征，代表了它乃至整个建筑的现代性品质。这种简约、精致的构造元素被弗兰姆普敦称为"现代文化的世界中，最精简的隐喻形式"。此类构造元素，将密斯所在时代的工业化、现代化的广义文化含义简化为单一的技术标识，带有鲜明的时代标记。

　　（3）探索路径之三：均质的建筑空间，突出现代技术的结构力量　对于时代意志的表达，密斯在建筑创作后期将重点从技术建造转向了现代空间的营造上。他认为，"建筑学是用空间术语表述的时代意志。它活着，且常变常新。"[1] 在 1952 年设计的曼海姆剧院（The Mannheim Theater）方案和 1956 年建成的伊利诺伊理工学院克朗楼（The Crown Hall）中，屋面吊顶均挂在两个裸露的格构桁架（Lattice Trusses）上面，前者 15 英尺厚的格构桁架跨度达 266 英尺，后者两英尺厚的钢梁跨度也有 150 英尺。这形成了地面上空无一物、四周为玻璃墙的通透、均质、巨大的空间（图 4-5）。进入其内，人们感受不到空间高潮。而是只有一个位于中央的、但不是非常突出的实体内芯（图 4-6）。横向长窗和水平屋盖产生了向外的巨大拉力，与周围空间交融一体。密斯创造的均质空间既受到了帕拉迪奥主义和 19 英国住宅空间的双重影响，又不完全脱胎于此。事实上，密斯巨型均质空间关键意图在于对现代技术力量和精神的展示，进而彰显现代的时代意志。

　　体现时代意志的技术精神，一直是密斯在技术创作中孜孜不倦的追求。

1 [美] 肯尼思·弗兰姆普敦 . 建构文化研究——论 19 世纪和 20 世纪建筑中的建造诗学 [M]. 王骏阳，译 . 北京：中国建筑工业出版社，2012(2): 76.

图 4-5 伊利诺伊理工学院克朗楼

图 4-6 克朗楼室内

诚如密斯自己在 1965 年经过长期实践之后所言：真正的建筑永远是客观的——是它所属时代内部结构的表现。[1] 而在这其中"价值才是最为重要的问题。我们必须建立新的价值观，确定我们的最终目标，建立我们的准则。任何时代，当然也包括我们的新时代在内，保持精神的生生不息才是头等重要的大事。"[2]

密斯追求技术精神的热情与技术手法一样被后世众多建筑师追随，也渗透到 20 世纪下半叶复兴的英国建筑技术美学当中：表现技术精神和时代意志；发掘现代材料的建造特征；营造精致的构造以及均质化空间等等。密斯对于英国建筑技术美学的复兴，在思想上和具体技术手法上都有着极为重要的影响作用，是该谱系在 20 世纪初期重要的外源给养。

4.1.2 哥特秩序的现代诠释：路易·康

路易·康（Louis Kahn）被誉为是"建筑师中的建筑师"，他试图通过匠人般的建造，在传统建筑精神的基础上获得现代建筑的新秩序。这就使他的创作思想和手法游走于传统与现代之间，体现出与其他现代建筑大师不

1 Johnson M. Address of Illinois Institute of Technology(1950)[M]. London: Epson Press,1978: 204.

2 Philip J. Mies van der Rohe[M], 3nd. New York: Museum of Modern Art and New York Graphic Society, 1978: 195.

同的个人特色。可以说，康一生中所涉及的设计理念比较复杂，但若从英国
建筑技术美学的视角去看待，其脉络则可以把握，即对哥特精神的现代诠释。

康坦言在他创作工作中，最崇拜的就是哥特建筑的建造者。他经常围绕
着哥特思想中那些经久不衰的争论展开思考。康对现代技术，如空心石头、
空心钢管、钢筋混凝土以及各种建筑设备的关注基本上来源于对哥特精神的
思考。他认为，焊接钢管、钢筋混凝土等结构具有独特的优势，其表现性可
与哥特建筑中的石头砌块相媲美。而这些现代材料塑造的空间和新秩序同样
可以寄予哥特建筑的精神："哥特时期的建筑师用坚硬牢固的石头建造，今
天我们用空心石头建造，用结构构件限定空间，这一点与构件本身同等重
要……人们对空间构架结构的兴趣和探索与日俱增……运用更加符合自然规
律的知识，人们正在努力寻求秩序，尝试不同的形式。这一秩序的精神与掩
盖结构的设计习惯水火不相容。"[1] 这里康特别强调了对新秩序的寻求，而
新秩序的寻求则是康在哥特精神指引下关乎技术美学的活动。

康秉承哥特建筑的美学精神，崇尚自然中的结构和秩序。他认为，自然
界中存在潜在的秩序，而科学研究揭示的正是这种秩序，并于 1944 年提出
"工程形式的纯粹性就是遵循美的法则而获得的自在的美学生命。"[2] 这种
对自然界中"自在美学生命"的探求，也构成了康个性化的建筑有机理论。
从哥特精神出发，康认为建筑不是空间与形式的嵌入式构造，而是一种活的
有机实体，它应当与哥特教堂一样具有遵循自然生命法则，带有勃勃的生机。

在此基础上，康将建筑看作生命体，在建筑中倾向于表现结构自身的力
学逻辑和秩序，这显然是受到了哥特建筑的影响，并且将这一观念过渡到建
筑设备当中，认为建筑设备与结构形式应该拥有同等重要的地位。这一思想
的建立，构成了康建筑作品中空间秩序和外观处理的基础。而他对于建筑设
备的关注，也离不开对英国哥特建筑经验的传承（图 4-7）。

19 世纪中期的英国建筑中便有了关于建筑设备的技术美学，康受此启
发将其整合发展。康将建筑设备与结构形式等同看待，认为他们都是建筑建
造过程中的珍贵痕迹和素材，而哥特建筑正是因为保留了这些建造的痕迹才
富有生命力。因此，康希望建筑的基本结构关系能够得到表现，拒绝用吊顶
来掩盖建筑空间内的空调管道，那种"将结构、照明、声学材料掩盖起来，
或者将拐七拐八的、最好不要被人们看到的管道、桥架、线路隐藏起来的行
为，都是愚蠢的。"[3] 这一观念的提出很容易让人感受到哥特建筑的结构理
性和美学倾向。

在具体的手法中，康再次让我们感受了哥特建筑中的理性、务实的精

1 Louis K. Toward a Plan for Midtown Philadelphis[M]. London: Epson Press, 1953: 23.

2 Louis K. Monumentality [J]. The Architecture Review, 1978(01):581-582. Ricard S. Wurman and Eufene Feldman. The Notebooks and Drawings of Louis I. Kahn, Cambridge: MIT Press, 1973: 19.

1 [美]肯尼思·弗兰姆普敦. 建构文化研究——论 19 世纪和 20 世纪建筑中的建造诗学 [M]. 王骏阳，译. 北京：中国建筑工业出版社，2012(2): 76. Louis K. Louis Kahn[M], New York: Thames and Hudson, 1987: 220.

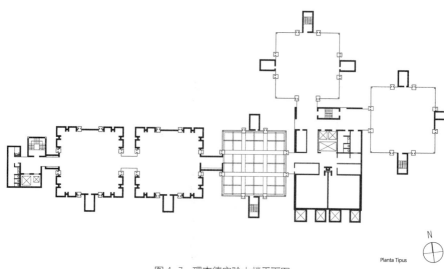

Planta Tipus

图 4-7   理查德实验大楼平面图

神,他曾经坦白地说,自己对于建筑设备的热衷并非出于兴趣,而是基于一种理性精神。他说:"我并不喜欢电管水管,我也不喜欢空调管道。正因如此,我必须赋予它们特定的空间。"[1] 于是,康创建了"服务空间与被服务空间"(Servant and served)的二元空间模式,来解决这一现代建筑与日俱增的设备问题,并借由此途径建立了现代建筑新的空间和形体秩序。在理查德实验大楼中(Richards Medical Center),服务空间和被服务空间之间具有的明确区分,体现了康对于现代建筑技术的独到理解。玻璃墙面的工作间是"被服务的",而服务的则是那些分离的、完全封闭的管道塔井(图 4-8)。在建筑体量上,整个建筑由一幢幢既独立有连接的塔楼组成,其布局具有可扩建、可发展的灵活性。

此外,康还承接了哥特建筑中展示结构的美学倾向。康认为哥特建筑对于力学传导关系的表达是十分珍贵的,而最能展现这种富于生命结构的便是"节点"。因此,与密斯刻意消融结构节点不同,康对节点予以了特殊的关注,将之看作空间上升为建筑的关键因素,也是建筑中需要特别关注的艺术细节,并且通过生命体的比喻将之进一步明确:"建筑是人性的载体,创造建筑就是创造生命。建筑如同人体,如同你的手掌。手指关节的连接方式造就了优美的手掌。在建筑中,类似的细节也不应该被埋没。一旦建筑的连接方式得到充分展现,看上去合情合理,空间就成为建筑。"[2]

基于这种思想,康在普通钢框架结构和焊接钢管体系之间十分偏爱后者,

1   Johnson N, Light Is the Theme: Louid I. Kahn and the Kimbell Art Museum [M]. Texas: Thames and Hudson, 1975: 38.

2   Louis K. Louis Kahn[M]. New York: Thames and Hudson, 1987: 18.

图 4-8　理查德实验大楼

因为他认为钢框架的梁柱结构系统比较僵硬而缺乏有机性，焊接钢管体系的管与管之间的焊接节点，不仅形成视觉韵律，更重要的是能清晰地表示力学的传达路径，具有较为有机的、新哥特式的潜在表现。同样，在金贝儿美术馆设计中，康更是明确区分了"本体装饰"和"附加装饰"[1]（图 4-9、图 4-10）。他将节点看作本体装饰的主要元素，赋予了节点除了结构之外的装饰角色。

　　康与密斯一样都努力追求建筑的精神升华，但与密斯不同的是，康对于现代建筑秩序的建立并非清教徒式的革命方式，而是始终围绕着传统建筑中的哥特建筑精神进行现代性的诠释。这种诠释必然地将哥特建筑中的结构理性、技术手法和美学倾向延承下来，并在现代技术的范畴内重新演绎。在此基础上所产生的一系列技术思想、空间模式、装饰手法被接下来的建筑师学习和研究。而福斯特、罗杰斯等英国建筑技术美学的代表建筑师在美国耶鲁大学留学期间深受其影响，这也是康对英国建筑技术美学谱系起作用的直接原因。

4.1.3　建筑技术的设计科学：富勒

1　[美]肯尼思·弗兰姆普敦. 建构文化研究——论 19 世纪和 20 世纪建筑中的建造诗学 [M]. 王骏阳，译. 北京：中国建筑工业出版社，2012(2): 245.

　　R. 巴克敏斯特·富勒（R. Buckminster Fuller）被称为二战后美国极具创造天赋的建筑师，他拥有工程师、发明家、数学家、教育家、制图学家、哲学家、诗人、工业设计师和未来学家等多个令人瞩目的身份。"设计

图4-9　金贝儿美术馆

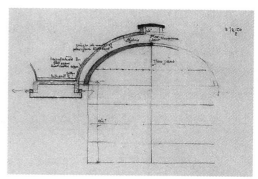

图4-10　金贝儿美术馆节点细部

科学"（Design Science）是贯穿富勒创作生涯的核心思想，指引富勒进行了包括建筑技术在内的技术创新，为 20 世纪 50 年代崇尚现代技术的建筑界带来了不同寻常的技术思维。

富勒在对待现代技术上，与 19 世纪英国建筑技术美学创造性地运用新材料和新结构的方式有许多共同之处。20 世纪 50 年代，富勒明确提出，以技术机能为研究对象，并关乎技术生成形态和逻辑的技术创作方式为"设计科学"（Design Science）。

富勒设计科学的核心思想，是将人类的发展需求与全球的资源、科技成果结合在一起，用最高效的手段解决最多的问题。"设计科学"是关于本质形式的科学，它与几何学、力学、运动学和材料学等相关，体现科学的理性。在此基础上，他提出了"少费多用"（More with less）的著名理论，目标是用最小的资源投入获得最高效的利用，体现在建筑领域就是，用最小的结构提供最大强度的向量系统，从而获得灵活集约的空间。

可以说，富勒设计科学在现代建筑领域的影响是多角度的，也为英国建筑技术美学的复兴带来了珍贵的借鉴。在英国建筑师的作品中，富勒式的技术语言可以被清晰地辨识出来，然而透过技术表象可看到对英国建筑技术美学复兴影响最深刻的是富勒设计科学中的思维方式。

（1）技术创新思维

富勒通常从建筑学之外的学科，如几何学、材料学等学科出发，创造新的技术类型应用到建筑当中。1948 年，富勒参照自然界中有机混合物和金属四面体聚合晶格，发展成四面体和八面体聚合的最经济空间结构，在此成果基础上对球面进行三轮规则划分，得到三角、半菱形、菱形或六角形等不

图4-11　蒙特利尔世界博览会美国馆

同的网格形式。这一结构的材料省、重量轻。

　　1967 年，加拿大蒙特利尔世界博览会上，富勒将自己的张力杆件穹隆付诸实践，创造了美国展馆。该建筑为多面球面体，高 60 米，直径 76 米。其内部空间巨大，不仅容纳了长 38 米的自动扶梯，而且架设了一条贯穿整个穹隆、架在 11 米空中的火车道（图 4-11）。这一结构创造的巨大建筑空间令建筑界震惊。富勒声称这种张力杆件穹隆在理论上没有尺度限制，并于 1961 年为密苏里州植物园设计了净跨达 117 米的温室，成为迄今为止世界上最大的穹隆。此外，富勒还将这一结构与拯救城市环境的设想联系起来，产生了利用该覆盖整个城市，以控制日益恶化污染的城市环境。并大胆提出，张力杆件穹隆的扩大化运用能够优化地球上的不利环境，使北极圈、不适宜人居的荒野山谷纳入到经济利用的范畴中来。[1]

　　富勒重视技术创新的思想深刻影响了同样崇尚技术发明的英国年轻建筑师。例如，福斯特与富勒曾共事 15 年有余，所受到的影响是非常直接的。福斯特曾说：我非常珍视与富勒的友谊。他那"少费多用"的主张，在当今许多科技领域可以得到良好的印证。富勒不仅对福斯特技术思想有着启发和影响，其他英国建筑师如格雷姆肖、罗杰斯等人也因在富勒工作室学习或受其思想影响，在建筑创作中进行着相关的技术发明。

1　R Buckminster Fuller. Operating Manual for Spaceship Earth[M]. New York: Amereon Ltd., 1998.

（2）"少费多用"技术思维

富勒的设计科学将人类生存、发展、未来需求与地球资源、环境问题结合起来，在此基础上发展出 "少费多用"思想，成为可持续性技术思维的早期源头。

富勒诸多技术想法，最初得益于"船"的启示。而当时造船业奉行的基本原则："合理的形式就是美的"也成为他技术思想的核心精髓。富勒曾将地球比喻为一艘宇宙航船，它自给自足、资源有限，人类作为船员，必须遵循"少费多用"的原则才能在这艘航船上获得可持续的生活，这便是真正科学的技术高效。[1]

在这一思想指导下，富勒创作的建筑作品全部都是对"少费多用"的真切演绎，并且对 20 世纪中后期英国建筑技术美学的代表建筑师作品产生了非常直接的影响。例如，福斯特秉承"少费多用"的思想，提出了"可持续建筑可以被认为是，用最少的投入获得最大的效益"这一观点，[2] 英国建筑师罗杰斯也认为，"可持续发展就是整体而且全面地思考问题，统筹考虑技术、建筑与环境问题[3]等等，这些英国建筑师与富勒的可持续观点保持着一致性。

而在具体的技术应用上，富勒对 20 世纪中后期英国建筑技术美学代表建筑师的影响更是具体而显著。首先，富勒力求物能消耗的"少费多用"。例如，他早期作品 4D 生态塔（4D Tower）仿效树的结构原型，将塔设计为一束结构，平面呈六边形。中心柱埋在地下，柱顶设张拉结构拉拽各层平面，因此十几层的六边形平面悬挂在空中，如同大树的树枝一样围绕中心柱逐层展开。这种结构体系使塔身自重轻、整体性强，可由工厂预制，建造投入低，现场作业简化，物能利用率高，充分体现了富勒的减少物能消耗的可持续思想。这种树状结构在英国建筑师福斯特、霍普金斯等人的作品中时常出现，张拉结构更是成为他们作品的标志性结构。例如，在 50 余年后的 1990 年，福斯特在设计巴塞罗那通讯塔（Torre de Collserola）时应用了这一结构原形，将 4D 生态塔六边形平面简化为弧形等边三角形，使结构荷载更轻（图 4-12）。

其次，富勒的借助科学的方法来优化方案，并将此方式运用在建筑设计上，实现能源的"少费多用"。这也启发了英国建筑师的创作。1933 年富勒设计了戴梅森汽车（Dymaxion Car），根据空气动力学原理，将传统直线型的汽车轮廓转变为流线型外形，减少行驶过程中的空气阻力，降低能耗（图 4-13）。该技术成果一经提出被社会称为"怪异的戴梅森"，但由于优越的技术指标，被美国福特公司采纳。符合空气动力原理的流线

1 窦以德. 诺曼·福斯特[M]. 北京: 中国建筑工业出版社 , 1997: 5.

1 Powell K. Richard Rogers Partnership Complete Works Volume Three[M]. London: Phaidon Press Limited, 2006: 258-259.

2 Jodidio P. Sir Norman Foster[M]. Italy: Taschen,96.

图4-12　巴塞罗那通讯塔

图4-13　戴梅森汽车

在 20 世纪 80 年代逐渐受到了英国建筑师的认可，成为英国建筑技术美学中常见的建筑轮廓线。例如，泰晤士峡谷大学资源中心（Thames Valley University）、马德里机场（The Madrid Barajas Airport）、瑞士再保险大厦（Swiss Re HQ，30 St Mary Axe）等建筑都是根据空气动力原理确定的建筑外轮廓。

　　再次，富勒对于"空间灵活性"的关注也在一定程度上影响了英国建筑技术美学的表达。富勒的戴梅森住宅（Dymaxion House）内部空间灵活，整个建筑除了核心结构柱之外，其余结构都可根据使用需求自由的改变。空

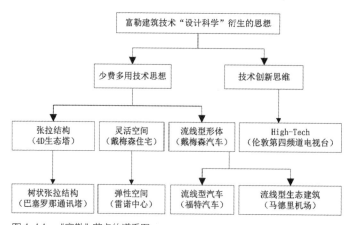

图 4-14   "富勒"节点的谱系图

间被软隔断分成了若干大小不一的扇形房间，在需要时，软隔断可以绕中心旋转，改变各个房间的大小。而这一空间特征在格雷姆肖和福斯特的早期作品中有诸多表现，并逐渐发展为"弹性空间"，成为可持续建筑的重要内容之一。

综上所述，富勒从"设计科学"的角度去对待技术发明和技术应用。从技术本质、技术创造到技术应用都凝练了他独创性、科学性、经济性的可持续技术思维，对接下来英国建筑技术美学的复兴产生了深刻且具体的影响。许多核心思维和技术手法至今仍然在英国建筑技术创作中发挥着关键作用。富勒秉承了 19 世纪英国的"设计科学"运作方式，结合现代科技发扬光大，20 世纪中期又将其成果注入英国建筑技术美学的复兴运动中，为其提供养分，成为该谱系中不可或缺的重要人物（图 4-14）。

4.2　技术美学火种的异质化再燃

二战后，建筑界掀起了新的文化潮流：摆脱现代主义一统天下的均质化美学，寻求建筑传统复归。这一时期的英国建筑师们，失望地发现他们面对的英国建筑界是这番景象：缺乏特征、缺乏稳定性、缺乏生机而又缺乏象征意义。尽管表面上英国的建筑业在复苏，各个城市都在如火如荼地进行营建和规划，技术成果有增无减，而唯独缺少美学力量，昔日英国建筑的灵魂已然不在。

于是，一些勇于探索的英国建筑师率先举起了复兴英国建筑技术美学的大旗。英国作为拥有辉煌技术经验和技术传统的国度，其技术美学传统本就根深蒂固，因此在这一契机下，建筑技术美学的火种再燃。在 20 世纪 60 年代，英国建筑的特色日渐清晰，形成了基于传统技术精神和审美品位，并适应时代科技进程的美学形态。

4.2.1　粗野主义的材料美学：史密森夫妇

20 世纪初现代主义者曾勾画了一个纯净的技术社会场景，在这一场景里技术是唯一进步的主要要素，人们依靠它建立新的生活范本，并在本质上秉持完美的人性论。然而，事实却恰恰相反，在第二次世界大战中，技术如脱了缰的野马，脱离了人类的理性控制，屡屡为大屠杀提供物质支持。于是，二战后的欧美世界，现代主义曾经的豪言壮语受到了质疑，在其阵营内部出现了分裂和倒戈。一对来自英国的夫妇结合本国的美学传统，引导建筑师走向一种新的建筑风格，这就是 20 世纪五六十年代活跃于世界建筑舞台的英国建筑师艾莉森·史密森（Alison Smithson）和彼得·史密森（Peter Smithson），史称史密森夫妇 (Alison and Peter Smithson)，以及其所倡导的粗野主义 (Brutalism)。

二战后的英国正处于经济和文化的恢复期，整个社会对于普通住宅、中小学校、相关中小型建筑等急切需要。这不仅要求这些建筑能够快速、经济、大量地建造起来，而且能够尽可能地满足大多数民众对建筑形式的美观需求。

在这种历史环境下，史密森夫妇认为此时应该建立新的美学开端，建筑美学应当从艺术构图、形式理念向现实建造回归。这种对建筑本质的追求和关注，构成了史密森夫妇所倡导"粗野主义"的核心内容。他们主张：

粗野主义者要面对一个大量生产的社会，并从目前存在着混乱的强大力量中，牵引出一阵粗野的诗意来。从这一主张中，我们可以感受得到史密森夫妇所倡导的粗野主义绝不是一种简单的建筑风格或设计法则，更多的是同时代本质和社会现实相关联的。

在粗野主义的具体美学核心上，史密森夫妇回归到了 19 世纪英国建筑技术美学的历史中寻找答案。他们认为，在现代，建筑成为宣传个人想法的阵地，那些以巴黎美术学院传统为范本的建筑，脱离了建筑的体验。而建筑的目的恰恰应该是为使用者提供相关的体验价值。在这方面，英国经验主义以及 19 世纪英国建筑技术美学的代表作品却与此相反，以拉斯金、莫里斯、莱特比、阿什比等人为代表的建筑师提倡通过建筑的"真实"运作，给人们提供"真实而适宜"的感受。史密森夫妇在此找到了答案，声称："建筑要满足受众对建筑的内在要求。因为受众对建筑的感受决定了建筑是否为人们所理解和接受，是否具备物质和精神上的吸引力。受众是建筑的真正裁判。"[1]

史密森夫妇建立在此观点上的建筑探索是多方面的。对于建筑的美学问题，史密森夫妇认为应以"结构与材料的真实表现作为准则。"并进一步说，"不仅要诚实地表现结构与材料，还要暴露它（房屋）的服务性设施。"[2] 这种以表现材料、结构与设备为准则的美学观，客观上讲离不开柯布西耶和密斯等人的影响，但由于建筑师所处环境的经济状况和美学标准取向不同，成果也各有千秋。

其一，由于密斯在富庶的美国，经济条件允许他不遗余力地显露玻璃、优质钢等物料的材质特性，而且将其轻便、透明、精致的特征淋漓尽致地表达出来，表现技术所蕴含的时代新精神。而史密森夫妇处于二战后经济疲乏的英国，他们的现实条件不允许如密斯那样挥霍重金，而是要经济地、简朴地从不修边幅的钢筋混凝土中寻求出路，因此毛糙、沉重与粗野成为他们的形式之选。

其二，20 世纪 50 年代中期巴黎存在主义影响了伦敦的艺术思潮，这对英国粗野主义的形成起了决定性作用。1853 年，伦敦当代美术学院举办的"与生活及艺术平行"的展览中展出了亨德森、保洛齐和史密森夫妇搜集的照片。这些照片以新闻片段或幽晦的人类学、考古学及动物学为素材。所有照片都具有粗糙的质地，并被搜集者视为优点。展品主旨是要将世界视为一片被战争、腐败、疾病所摧残的荒芜景色——在尘埃的表层之下，人们仍能发现生命的痕迹，但这种生命却是显微细胞的，在废墟内搏动。

史密森夫妇借此粗糙的方式来表达现代建筑技术，用粗犷的表面来反衬

1　Reliance H. Regional architecture[M]. Architects Yearbook, Vol. 8: 62.

2　Alison S. The Charged Void: Urbanism[M]. London: The Monacelli Press, 2005: 182.

图4-15　亨斯特顿学校

技术所蕴藏的生机和活力，用材料的印迹代替建筑师的痕迹，进而关注物质存在的内容而非思想意识。

史密森夫妇作品中的粗野主义为 20 世纪中期的英国带来了新的气息，同时也带来了具有野性气质的材料美学。例如，在早期作品亨斯特顿学校（Hunstanton School，Hunstanton，Norfolk）中，从框架结构的处理和创意上仍然能够看到密斯的影响，但在其展现材料和设施方面已经脱离了密斯的精致、缜密的特征，而是直截了当地采用了简单的预制构件，展示功能，老老实实地表现钢、玻璃和砖，并且大胆地把落水管与电线也暴露了出来（图4-15）。这在被现代主义建筑统治了近半个世纪的英国，还是非常激进的。也因为这种美学表现，该建筑被历史学家班纳姆称为"这一种开创完全'不同'的建筑艺术的尝试"，树立为新粗野主义的典范。

而伦敦《经济学人》杂志总部大楼则让这种基于粗犷主义的材料美学得到了最充分的展现。该建筑位于伦敦圣詹姆斯大街的后部，用地面积狭小。史密森夫妇在建筑体量上化整为零，优化场地布置，采用了浅色的罗奇层波特兰石材（Roach-bed Portland），利用这种材料的色泽和质地特征，将光线反射到建筑之间的庭院状空间，在视觉上扩大内庭的尺度感（图4-16）。另外，史密森夫妇还将这种材料加工成大块的单元，尝试通过窗台与柱子侧面的排水沟槽表现石材上的水流痕迹，并且将石材表面风吹雨打的印迹展示

图4-16　《经济学人》杂志总部大楼

图4-17　谢菲尔德公园山公寓

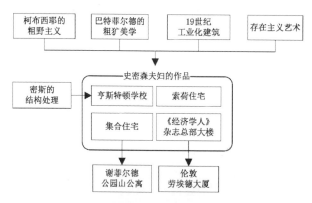

图4-18　"史密森夫妇"节点的谱系图

出来这种材料处理的方法一反美学常理，将材料本身的一切自然存在都不加掩饰地表现，建立超越了拉斯金定义的"真实"之上的"新的真实"。这也正如史密森夫妇解释方案时所说："我们的《经济学人》杂志总部大楼正在以个性化的力量与固有的美学概念作斗争；我们要延续一种往昔的美学范式，并在此基础上建立独一无二的、新的美学模式，它将更符合现今社会的需求。"[1]这里所说的"往昔美学范式"意指曾经英国建筑技术美学的基本理念，而"新的美学模式"则是史密森夫妇试图建立的粗野主义风格材料美学，这也是 20 世纪中后期英国建筑技术美学复兴的开端。

史密森夫妇对英国建筑技术美学复兴的贡献，不仅仅在于他们创造性地建立了粗野主义的材料美学，更在于他们试图从现代主义单一风格的束缚中挣脱，为英国建立符合当下社会需求的新建筑美学的强烈意愿。他们的探索不仅影响了英国中期相当多的建筑师和建筑作品，而且启发了当时年轻英国建筑师，如谢菲尔德公园山公寓等等（图 4-17、图 4-18）。

4.2.2 技术传统的现代转译：詹姆斯·斯特林

詹姆斯·斯特林（James Stirling，1926 ~ 1992），被称为是二战后英国第一个享有国际声誉的建筑师。虽然他的设计风格被认为"善变"，但都贯穿着斯特林将英国建筑技术传统进行现代转译的尝试，被称为"对历史的崭新而更有挑战性的借用"，[2]促进了英国建筑技术美学的复兴。对英国建筑技术传统的转译，斯特林主要对英国建筑技术传统中的"意"和"形"进行了分析和提取。

（1）技术传统"意"的现代转译

主要表现为对 19 世纪英国建筑技术美学中崇尚实用、理性精神的继承，他的这一做法又被许多学者称为"功能主义"的复兴。

斯特林父亲的轮船机械图纸中，细致的形体刻画和颜色表达对斯特林产生了启蒙式的影响。少年时期，斯特林进入利物浦艺术学校学习建筑，注重实效、关注功能、提倡技术与艺术的有机结合。这段学习经历将英国技术美学的精神植入到了斯特林思想当中。50 年代，在斯特林创作生涯的早期，并不富裕的英国经济和急于寻求自我特征的文化状况，更加激发了他对 19 世纪英国建筑技术美学中所蕴藏的实用主义精神的寻求。因此，斯特林对建筑美的问题主要秉持着实用、经济的基本态度，他认为："在英国，当我们

1 Peter B J. Modern Architecture Through Case Studies 1945 ~ 1990[M]. Oxford: Architectural Press, 2007: 187.

1 刘筱 . 斯特林的建筑思想和设计手法 [J]. 世界建筑 , 1994(1): 17.

图 4-20　莱斯特大学工程馆天窗

图4-19　莱斯特大学工程馆

向业主们展示方案的时候，一定不谈美学。介绍的内容一定要和建筑的功能、经济、逻辑等实用问题相关。如果一旦涉及了'美'一词，客户的头发就会竖起来的。"[1]

　　这一理念贯穿在斯特林众多建筑作品中，其杰出代表是莱斯特大学工程馆（The Leicester University Engineering Building）。工程馆是斯特林与詹姆斯·高恩（James Gowan）合作的结晶，带有强烈的技术美学气息，以实用和经济为主旨（图 4-19）。建筑体量上最突出的部分：斜向天窗和塔楼都是基于实用功能需求而产生的。建筑的基地北偏东约 45 度，为了实现最大化的日照，建筑的屋面基本都呈对角布置。而塔楼形成的原因，则是由于水动力研究室的试验需要一个大型蓄水箱，需要高出地面至少 100 英尺（30.5 米）。斯特林在塔楼底部增建了一系列用作讲堂的独立建筑和一个较低的、底部架空的实验楼，并将办公室穿插其间。讲堂的座椅逐渐升起以获得良好的视线，产生楔形的外轮廓。于是，因借这些出于实际需求的建筑体量布置，基本生成了斜向的复杂集合形体效果（图 4-20）。

　　该建筑的外部处理也带有十足的 19 世纪英国建筑技术美学遗韵。一方面，该建筑的巨大水箱、墙面、屋面等混凝土表皮，并没有采用当时盛行的暴露的手法，而是藏在了红色条饰面砖之下。这不仅是与对面基地 100 年前巴特菲尔德的万圣教堂取得呼应，也是对巴特菲尔德所奉行的哥特式粗犷的色彩美学的尊重。另一方面，建筑中大量使用的玻璃天窗既有功能指向，又带有 19 世纪英国工业化技术美的味道。

2　Peter B J. Modern Architecture Through Case Studies 1945 ～ 1990[M]. Oxford: Architectural Press, 2007: 49.

图 4-21　剑桥大学历史学院

图 4-22　斯图加特美术馆

因此，英国理论家雷纳·班纳姆在第一次见到这个建筑时感慨："看到此建筑之后就感到了它将会带来的影响。"[1] 他的话暗示着工程馆否定了现代主义的各种先例，而代表着一种新美学形式的出现——英国建筑技术美学的复兴。工程馆"粗犷而成熟，刺眼而美丽"的美学特征受到了当时英国建筑界的认可，认为它终于让英国建筑界"摆脱了 20 年代自负的现代主义，它那硬朗的工业化建筑语言让柯布都显得柔软。"[2]

（2）技术传统"形"的现代转移

其一，对哥特建筑复兴中色彩装饰的转译。巴特菲尔德曾被称为"丑"学的代表建筑师，他对建筑材料和色彩装饰的粗犷处理曾引起建筑界不小的震动。在百余年后，斯特林对这一审美内容表示了关注和支持。在他诸多建筑作品中，都可以看到相似的色彩处理方式。例如，在剑桥大学历史学院（History Faculty Library, Cambridge）和伦敦市区办公与商业大楼（Number One Poultry）中都应用了红色带状的面砖装饰（图 4-21），通过交叉运用色彩相近的砖和面砖，将巴特菲尔德的粗犷色彩效果发挥到极致。虽然在表面上是对巴特菲尔德的模仿，但事实上墙体的真正材质是混凝土，表现了斯特林对英国传统的建筑技术美学采取了提取和转译的手法，变"如实"为"表现"，在理性实效的美学法则中糅合了现代的审美内容。

在斯特林后期建筑生涯中，沿袭哥特建筑的色彩装饰传统，也得益于后印象派和至上主义的现代艺术影响，斯特林表现材料色彩的手法愈来愈趋于夸张。尤其在斯图加特美术馆中，红色的大门，蓝色的坡道扶手，橘红和深蓝色的雨篷，绿色的排气管道等等（图 4-22）。色彩成为建筑中主要的活力元素，给人强烈的视觉刺激，大大丰富了建筑的表现力。

其二，对哥特建筑和工业建筑中塔楼和水晶体的转译。在英国哥特建筑

1　Peter B J. Modern Architecture Through Case Studies 1945 ～ 1990[M]. Oxford: Architectural Press, 2007: 55.

2　窦以德. 以自己的眼睛看世界——詹姆斯·斯特林[J], 建筑学报, 1992(12): 42.

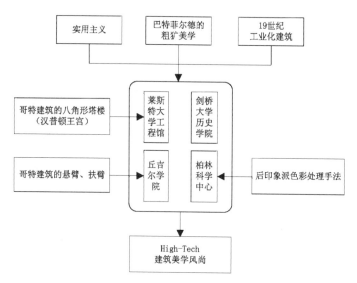

图 4-23　"斯特林"节点的谱系图

中八角形的双塔是一个标志性的技术语言。最初源自 15 世纪的四角双塔，后把矩形四角截除，呈八角形，给人强烈的棱角感觉，与哥特建筑中的瘦削的垂直线条浑然一体。在 18 世纪末，这一形象广泛应用于教堂、学校、府邸等建筑中，例如汉普顿王宫（Hampton Palace）便是典型实例。斯特林将这一传统的建筑语言引入，在创作中几乎对所有的矩形都截角后使用，并在截取后仍将其坐落在矩形直角体块上，形成有趣的哥特式技术细节。同时他也对其功能性同时考虑，最终形成八角形的办公塔楼或电梯塔。另外，斯特林还将哥特建筑中的八角形构型和工业化建筑当中的钢与玻璃的技术组合结合在一起，形成了类似八角形水晶体的技术形象。例如，在剑桥大学历史馆中，L 型的建筑除了两个高塔外，几乎全是玻璃表皮。直条的窗棂将倾斜的扇状玻璃固定住，坐落在一个八角形的体块上，令建筑带有典型的 19 世纪工业化建筑的风韵，被称为"维多利亚精神的现代化"。[1] 这种借助于英国技术传统而与直角的决裂，在现代主义统治下的英国建筑界也是一场不小的革命。

斯特林在英国建筑技术美学的复兴方面贡献的关键性的，他在恰当的历史时机，成功地唤回了英国的建筑技术传统，被建筑理论家詹克斯与班纳姆认为创造了"纯英国传统的现代建筑"，"英国总算找到了自己的路"。[2] 更重要的是，斯特林为 20 世纪中后期的英国建筑师注入了信心，也为接下来即将出现的 20 世纪英国建筑技术美学的高潮积蓄了力量（图 4-23）。

1　Peter M, Mary A S. New Urban Environments-British Architecture and its European context [M]. Tokyo: Munich Prestel, 1998: 9-10.

2　Peter B J. Modern Architecture Through Case Studies 1945 ~ 1990[M]. Oxford: Architectural Press, 2007: 56.

4.2.3　非确定性的技术体系：塞杜克·普莱斯

英国建筑师塞杜克·普莱斯（Cedric Price）是二战后英国建筑技术美学谱系复兴的重要人物，他以敏锐的时代洞察力和前卫的建筑思想进行了富有价值的技术探索，创造性提出了"非确定性"的技术体系构想，影响了自 20 世纪 60 年代以来的一批英国年轻建筑师。成为英国建筑技术美学体系中不可或缺的关键人物，甚至被班纳姆誉为英国"High-Tech"建筑美学的创始人。[1]

普莱斯对于时代特征，尤其是二战后英国社会总体走向的精准定位，远胜于他人。首先，他认识到英国进入了一个不可逆转的后工业时代，在这个时代中知识更新加速、社会快速变化，整个社会进入了多变的、快速的节奏中。其次，普莱斯早在 20 世纪 60 年代，西方国家刚刚进入信息社会之时，便看到了信息技术的未来主导趋势，并率先将信息技术与建筑设计相结合，试图寻找符合信息时代特征的建筑出路。

其代表作品是 1961 年的"娱乐宫"（Fun Palace）和 1967 年的"陶瓷思想带"（Potteries Thinkbelt）。

普莱斯关于娱乐宫的设计构想最初来自于他的朋友，后先锋派的戏剧制作人琼·丽泰伍德（Joan Littlewood）。丽泰伍德在 1962 年与普莱斯会面时向他讲述了自己关于新型剧场的想法，她说，渴望建立一个单纯的表演性剧场，或者称之为一个文化拼装空间。在这里，人们能够超越传统的表演界限，实现角色的转型，不仅仅作为观众，更是作为表演者参与其中，与演员相互动。而相比现今中规中矩的剧场，当初的街头剧场似乎更贴近这一愿望。

丽泰伍德的想法触发了普莱斯对建筑的重新理解，他认为，随着建筑结构和技术的发展，建筑功能和形式之间的固定约束力逐渐弱化，建筑可以不再作为"固定物"而存在，它应当具有可变性、多元性。建筑的技术体系可以是一个"非确定性"的临时构架，根据环境和不同需求来自由改变，不断地被拆装和组合，甚至永远处在建造的过程中。

"娱乐宫"就是这一思想的物化。它拟建在伦敦东部的工人社区中，作为一个集舞蹈、戏剧、业余学校为一体工人娱乐中心而存在。使用者可以根据个性化的需要使用吊车将预制模块自主组装，形成集体学习或休闲的建筑空间。在结构工程师弗兰克·钮比（Frank Newby）的帮助下，普莱斯设计了娱乐宫的基本技术体系——780 英尺长，360 英尺宽的结构。

1　Stanley M. The Fun Palace: Cedric Price's experiment in architecture and technology[J]. Technoetic Art: A Journal of Speculative Research. 2005(3): 79, 78,80.

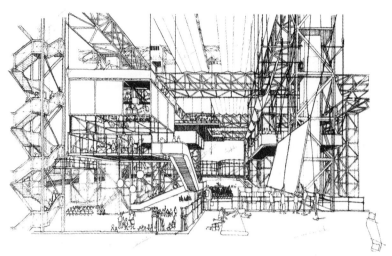

图 4-24 娱乐宫

楼梯、水暖电系统安装在这个体系中，两台起重机在结构外围工作，将预制建筑模块来回移动。可以看出，普莱斯受到了英国城市码头上起重机和集装箱的启发，将建筑转译成了一个技术体系，用"非确定性"来满足更广阔的社会需求（图4-24）。而建筑的概念也被瓦解，更多的注意力集中到了"技术"和"社会"这两个最本质的问题身上。

极具时代革命性的"娱乐宫"方案一经面世，便受到了关注。普莱斯和丽泰伍德曾列出了帮助"娱乐宫"方案实现的人员名单，各行业知名专家众多入列。他们的朋友，苏格兰情境艺术家亚历山大·楚克奇（Alexander Trocchi）称赞该项目"在有意识情况下……不仅关注社会问题，也关注包括人们在内的可变性、弹性主题。"[1]

1976年普莱斯在肯尼斯镇（Kentish Town）建造了尺度小于娱乐宫的交互中心（Inter-Action Center），作为娱乐宫概念的部分实现。而这个交互中心今日看来却似乎是蓬皮杜艺术中心的初期版本，它和娱乐宫一道在十余年后共同影响了蓬皮杜艺术中心的基本面貌。

娱乐宫结束之后，普莱斯的另一个独具时代性的项目陆续展开了，这就是"陶瓷思想带"。陶瓷思想带将可变、灵活的技术体系在一定程度上强化，将信息技术引入建筑创作，使其成为决定整个建筑面貌的核心内容，此外还兼顾工业遗址再利用、高等教育延伸等社会问题。

1976年的"陶瓷思想带"项目是一个英国废弃陶瓷工业区再利用计划。普莱斯为了重新振兴北斯坦福郡100平方公里的陶瓷中心区，利用基地上的废弃工业设施和铁路，试图建立一个集"工业技术教育、科学

1 Stanley M. From Agit-Prop to Free Space: The Architecture of Cedric Price [M]. London: Black Dog. 2007: 144.

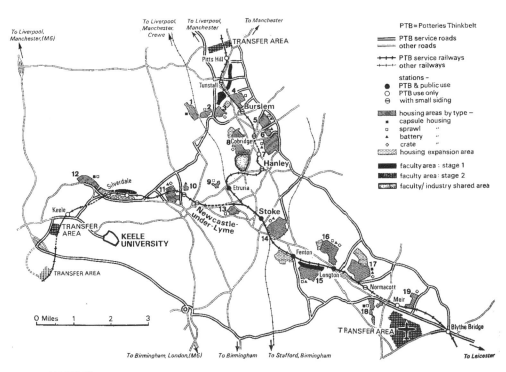

图 4-25 陶瓷思想带

研究和实际应用"为一体的社会设施。他将基地内的铁路网络作为整个
技术体系的基础，将预制的模块和集装箱设计成可沿导轨移动的建筑使
用体块。居住用房、实验室、观演厅、讲堂等使用体块，可以便捷地沿
着翻新后的铁路线——导轨移动。在整个导轨系统中，普莱斯设置了三
个大型中转站，在此处移动模块可以借助巨大龙门吊车，进行重新组装
或拆卸（图 4-25）。

　　这种大规模"非确定性"技术体系的灵感来源和物质依靠都是当时尚属
前卫的信息技术。一方面，陶瓷思想带的灵活技术体系受启发于计算机系统。
在这个项目中，普莱斯扩大了灵活化的概念，不仅应用了娱乐宫中的可调节
建筑模块，创建了一个不断变化和活动的风景，更让整个技术体系像一个电
子环流而非固定的建筑。另一方面，陶瓷思想带的导轨移动体系是通过信息
技术的操控来完成的。如普莱斯所设想，所有移动模块，都可以根据需要重
新围绕和排列，并通过吊车和铁轨进行改变。[1] 例如，学生在早上离开居住
单元，去往可移动的教室，在教室里边学习边沿着陶瓷思想带的导轨移动，
从观演厅到模型工厂，再到实验中心，最后在晚上返回他们的居住单元。这
一系列活动都要通过计算机系统进行操控，并进行数据存储，以更好地实现

1 Stanley M. Cedric
Price: From the Brain
Drain to the Knowledge
Economy [J].Architecture
Design,2007(9): 95.

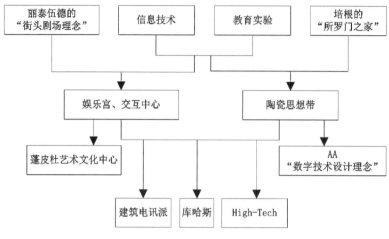

图 4-26   "普莱斯"节点的谱系图

每个人的个性化要求。

陶瓷思想带在其时代并没有被真正地实现，但它创造的是比娱乐宫更广泛的、更大的、更活跃的建筑矩阵，也被看作是一种未来信息社会的纪念性建筑——尽管它不是一个庞大的体量，更像一个分散而又广泛的离散式群落，拥有鲜明的时代烙印。[1]

普莱斯的建筑创作是英国建筑技术美学谱系中坚定的一分子，对后续的技术美学发展也起到了关键启发作用。"非确定性"技术系统推动了 20 世纪英国建筑技术美学复兴高潮的到来，也对其具体面貌产生了十分重要的影响。尤其是普莱斯曾在五六十年代担任英国建筑联盟（Architecutre Association）的教授，他的前卫思想直接指引了建筑电讯派、理查德·罗杰斯（Richard Rogers）、莱姆·库哈斯（Rem Koolhaas）和瑞秋·怀特里德（Rachel Whiteread）等人。例如，建筑电讯派的灵活可变建筑和 70 年代末罗杰斯和伦佐·皮亚诺设计的蓬皮杜艺术中心直接出炉于普莱斯的理论，而即将到来的英国建筑技术美学的高潮，即"High-Tech"美学风尚中的建筑几乎都带有"非确定性"的技术特征。同时，英国建筑联盟的学生深受普莱斯信息技术理论的影响，提出了"计算机社区"和蔓延的城市教育网络构想，[2] 并尝试着结合生物学和控制论的观念。这不仅将普莱斯信息技术和"非确定性"技术系统在仿生学方向进行了拓展，也为英国建筑技术美学的生态化道路进行了早期探索（图 4-26）。

1   Abel C. Mobile learning stations[J]. Architecural Design (XXXIX) No. 3: 151.

2   Conway. What did they do for their these? What are they doing now?[J] Architectural Design (XXXIX), 1986(3): 129-164.

图 4-27　《建筑电讯派》

4.2.4　技术消费的乌托邦：建筑电讯派

20 世纪五六十年代，英国社会充满了对现代主义均质文化的反叛，青年艺术家和学生将自己对社会的反抗和不满通过艺术宣泄。在五十年代的"愤青时代"，[1] 英国建筑界出现了一批激进建筑师，他们抗拒传统、特立独行、欣赏前卫的技术成果。虽然这些不切实际的想法和方案难以付诸实践，但他们思想的感染力却掀起了不小的波澜，推进了接下来的谱系发展，这就是"建筑电讯派"。

建筑电讯派，英文原名为 Archigram，意为 Archigram=Architecture+Telegram，即建筑与电讯的合体。由 AA 的年轻学生彼得·库克（Peter Cook）、沃伦·查克（Warren Chalk）、朗·赫隆（Ron Herron）、丹尼斯·克朗普顿（Dennis Crompton）、戴维·格林（David Greene）和迈克尔·韦伯（Michael Webb）等人组成。其主要成果是同名系列杂志——《建筑电讯派》（Archigram）。[2] 这些杂志的初衷在于对英国权威设计杂志表示抗议。其思想主题分散，但基本将核心锁定为"改变以往建筑固定不变的状态，使之成为消费化社会中的技术产品。"（图 4-27）

建筑电讯派作品的思想性远远大于其实际操作性，因此乌托邦式的夸张技术表达背后隐藏着深刻的思想根源。一方面，建筑电讯派对现代主义的建

1　Centre for Experimental Practice. The Archigram Archival Project [EB/OL]. (2010)[2012-11-12]. http://www.archigram.net/

2　傅守祥. 消费时代大众文化的审美伦理与哲学省思 [J]. 伦理学研究，2007，(29): 20.

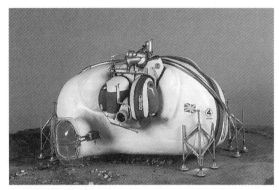

图 4-28 胶囊住宅

筑美学带有强烈的不满，采取极端的形式予以反抗。他们怀着技术至上的信仰，试图将二战后资本主义国家兴起的崇尚自由、个性、民主、多元的价值观念通过技术的形式表现出来。另一方面，由于战后经济的复苏，资本主义国家率先进入了消费化社会。"消费"成为资本主义社会生活和生产的价值所在。因此建筑电讯派认为建筑必须跟紧时代的节奏，摆脱凝固艺术的传统束缚，变成与宣传画、服装、可乐一样的消费品。而现代社会的技术成果则是实现这一目标的关键物质依托，因此建筑作为消费品的首要前提是技术成为消费品。

首先，建筑电讯派大胆地将"消费性"的概念引入建筑学。强调建筑消耗和消费（Expendability and Consumer）的理念，提出了"为什么建筑不消费？"[1] 的疑问。

沃伦·查克在《建筑电讯派》第三期时声称住宅与其他消费品一样，可以作为一种消耗产品来设计，他主张把部分建筑自主权移交给居住者，凭借大量重复和标准化的技术构件，实现建筑的个性化。"胶囊住宅"就是这样的尝试，它们以富勒 1927 年的戴梅森住宅和戴梅森卫生间为楷模，力图做成一系列"成套自治包"（Autonomous Packages）（图 4-28）。它们体量小，主要供个人之用，内部空间分隔和家具可以根据主人的喜好来组装和拼接。此外，沃伦·查克还将消费化的观点渗透到场所领域，让个性化、消费化建筑与城市结构发生联系，激活城市空间和场所文化。

其次，建筑电讯派提出了消费性建筑的主要技术策略——灵活可拆装的技术构架。沃伦·查克"插入式舱体"就是在此概念下的尝试，它们受到当时英国孩童的一种叫 Meccano 的金属插接玩具的启发，将金属舱体住宅处理成可置入混凝土巨型结构中可拆装住宅原件。1964 到 1966 年彼得·库

1 Peter C. Archigram-Edition Archibook[M]. London: Studio Vista,VI,3.

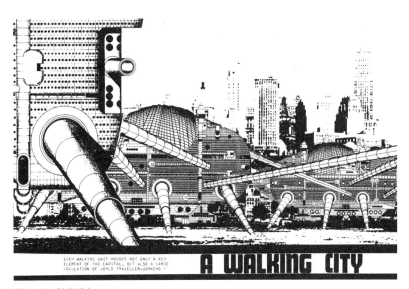

图 4-29 行走城市

克将这一概念扩大化，引入了"插入城市"（Plug-in City）的概念，他受到普莱斯方案的影响，构建了一个 45 度角的巨构城市框架体系。这种框架体系内部设置了所有的基础设施，吊车将预制模块化的建筑单元，根据使用的需要，从结构框架中插入或者移出，人们可以自由地选择居住地点，在某一单元出现故障或老化后可以如同其他消费品一样进行替换。

再次，建筑电讯派进一步消除了建筑的凝固性特征，提出了消费性建筑的极端特征——可移动建筑。以消费性建筑概念为核心，建筑电讯派将创作思路延伸，提出了可自主移动的建筑。彼得·库克将快速移动的物体作为美学的一部分，提出了缩放 (zoom) 或急速上升的观点。朗·赫隆将科幻与建筑联系起来，拟在肯尼迪海角和纽约塑造可以移动的巨大技术构架形象，称作"行走城市"（Walking City）（图 4-29）。行走城市实际上是在巨型技术结构基础上，综合了住宅、社会服务、机动环境等拼装化的技术单元，这些技术单元都是半成品，根据个人需求进行机械组装。该巨型技术结构可以承载大量居民平静的移动，机动环境根据需要变化，可如同游牧民族一样根据需要在世界各地迁移，这不仅扩大了家和城市的意义，也从一个极端的角度演绎了消费社会充满变动、不安的特征。

可以说，建筑电讯派的技术消费思想充满了幻想色彩，而这种奇幻多姿的思想则深受来自英国建筑技术美学谱系中各种因素的影响。正如美国建筑师及建筑评论人撒肯认为这是延续英国水晶宫以来一贯的机械结构传统。

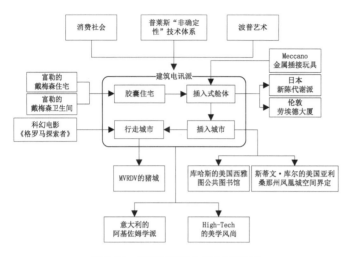

图 4-30   "建筑电讯派"节点的谱系图

其一,富勒那富于科技幻象式的技术形式对建筑电讯派的部分作品产生了不可忽视的作用。

其二,建筑电讯派带有根深蒂固的英国技术美学思想。他们对现代主义建筑美学的反抗和对消费社会的迎合,自觉地回归到了技术轨迹上,认为现代技术是解决这些问题的根本所在,并持有强烈的技术乐观主义精神。

其三,建筑电讯派的技术消费思想在美学宗旨上依然秉承英国建筑技术美学中指向明晰的特征。

作为英国建筑技术美学谱系中的关键环节,建筑电讯派所富有的技术乐观精神、激情和技术狂想对建筑界的年轻人产生了直接的作用。20世纪后期,英国建筑技术美学复兴的中坚力量:福斯特、罗杰斯、格雷姆肖和霍普金斯等人,均沿袭了建筑电讯派的技术乐观精神,并将技术消费的乌托邦思想加以消化和提取,付诸切实的建筑实践,构成了英国建筑技术美学的独特面貌,名噪一时的蓬皮杜艺术中心便是最生动的演绎(图 4-30)。

同时,他还对其他西方国家产生了不小的震动。例如,他们所提倡的灵活、拼装式建筑技术单元,在罗杰斯设计的伦敦劳埃德大厦,东京广场竞赛方案中有着直接的演绎,而日本新陈代谢派的作品也与其惊人地相似;他们所尝试的巨构建筑对当代的雷姆·库哈斯和斯蒂文·霍尔都有所启发,如美国西雅图公共图书馆、美国亚利桑那州的凤凰城空间界定屏障都是在此影响下的作品;而阿基佐姆(Archizoom)小组和 MVRDV 的猪城(Pig City)都带有建筑电讯派式的技术乌托邦色彩。

4.3 技术美学的乡言荣归："High-Tech"美学风潮

20 世纪 70 年代初，西方发达国家的科学技术进入了高速发展时期，走上了技术转型的历史轨道。机械化大生产为时代特征的工业化社会终结，以信息技术为核心的信息社会悄然来临，人类社会开始步入新的时代，史称"后工业时代"或"高科技时代"（High-Tech Era）。

在高科技时代的背景下，英国业已复燃的技术美学火种更具备了勃勃生机。英国近二百年的建筑技术探索历史，建筑传统文化复兴思潮和轰轰烈烈到来的高科技时代，三者共同为英国建筑技术美学的复兴提供了充足的养分，滋养它成为继 19 世纪中叶之后的又一个英国建筑技术美学的高潮。它以传承、演绎英国理性精神为内核；以利用高科技时代的建筑技术成果为基础；以创新、开发新建筑技术模式为主导；以彰显技术为外显特征，形成了"High-Tech"建筑美学新风尚。

以"High-Tech"建筑美学新风尚为特征的 80 年代，被英国建筑界称为"乡言"再繁荣的时代，对 20 世纪 70 年代至今的世界建筑界产生了不小的震动和影响。在这期间，众多建筑师进行了大范围的实践，贡献自己的力量。而对于这场繁荣，大部分英国建筑师倾注了更多的希望，旨在回归到 19 世纪末之前的乡言繁荣状态，"因为那是现代主义到来之前最后的英国自我风格"。[1]20 世纪末，以"High-Tech"为标签的建筑技术美学语言，正式获得英国上议院通过，成为受到英国官方认可的建筑美学语汇。[2]

4.3.1 灵活技术的炫耀式表现：理查德·罗杰斯

20 世纪 70 年代之后，"High-Tech"建筑美学风尚，逐渐展露了头角。首位在建筑界挑起"High-Tech"大旗的当属英国建筑师理查德·罗杰斯（Richard Rogers），他与意大利建筑师伦佐·皮亚诺合作的蓬皮杜艺术文化中心（Centre Pompidou）令世界瞩目。罗杰斯的技术创作核心主要来自于"灵活技术"的理念，通过夸张、暴露等多个维度来"表现"技术，让技术以一种近乎炫耀的姿态出场。

（1）灵活性结构的炫耀式"表现"：蓬皮杜艺术文化中心

在 60 年代，罗杰斯深受青年建筑师中炙手可热的普莱斯和建筑电讯派

1 Architecture R. Is There a British Tradition[J]. Architecture Review. 1986(5): 37.

2 Nathan S. The Making of Beaubourg: The Building Biography of the Centre Pompidou[M]. Pairs: Taylor & Francis, 1994: 52.

图4-31　蓬皮杜艺术中心室内

思想的感染，与皮亚诺合作创造了蓬皮杜艺术文化中心。我们可以看到，罗杰斯将停留在纸面的技术革命"乌托邦"带进了现实之中。当然，在将"梦想"照进"现实"的路途中，罗杰斯等人费了一番周折，但最终将"灵活性"通过技术表达出来，使之成为"High-Tech"美学风尚的开山之作。

　　罗杰斯在该建筑中主要指导思想是实现"灵活性"结构，以建立一个可供城市大众进行文化交流且能根据社会需求而不断变化的建筑。他在1976年的英国建筑师皇家学会的演讲中说道："自由和变动性就是房屋的艺术表现。如此，房屋（Building）的功能就不仅仅是一个简单的空间容器，而成为真正的城市建筑（Architecture）。"[1]

　　基于这一理念，在蓬皮杜艺术中心里，罗杰斯等人创造了一个巨大的框架结构。横向上，结构单跨达到48米，纵向上，建筑被13根横梁划分成12个12.9米的开间。为了获得高度上的灵活性，五个主要楼层的层高均为6米，如果作为小房间使用的话，则可以再分隔成两个3米高的楼层（图4-31）。此外，该结构为了方便日后的拆装，大胆地采用了盖贝尔（Gerberettes）连续梁体系结构。这是一种近似于铆接的插接方式，与传统的焊接方式相比，可以在日后较为方便地拆卸和拼装。正如罗杰斯所说：今天的住宅和工厂明天将变成博物馆，我们的博物馆明天又可以变成食品仓库或超级市场。

　　此外，为了实现"灵活性"的最大化，罗杰斯吸取了普莱斯将设备外挂

1　[英]彼得·布伦德尔·琼斯，埃蒙·卡尼夫.现代建筑的演变1945～1990年[M].王正，等译.北京：中国建筑工业出版社,2009.

图 4-32　多彩的管线

图 4-33　蓬皮杜艺术中心

的做法，将自动扶梯、人行通道、各种设备管线都挂置在建筑的外侧，以留给建筑最大化的"灵活空间"，这里也鲜明地看到了密斯"全面空间"对罗杰斯的影响。为了承载各种外挂设备的重量，该结构体系向内侧悬挑 1.6 米，向外侧悬挑 7 米。西侧面向广场，用于承担人行通道和自动扶梯，东侧被空调所需的庞大设备系统占据。为了分别清晰且便于更换，当然更重要的是处于视觉上醒目和刺激的考虑，设备系统被刷上了明亮的颜色：绿色的给排水管线，蓝色的暖通空调管线，黄色的电力管线，红色的消防管线，等等（图4-32）。

　　时至今日蓬皮杜艺术中心已经落成了近四十年，它为西方建筑界带来了一场轰轰烈烈的技术美学的革新，正如法国《今日建筑》所说，它是一种"以高度主观主义方式表现的功能主义"。[1] 这一系列"灵活性"的技术成果，连同巨大尺度的结构体系共同构成了蓬皮杜艺术中心的形象标识。它们夸张、近乎自我炫耀的姿态，成为该建筑主导的美学述求，同时也淋漓尽致地炫耀了当代技术的巨大力量（图4-33）。

　　罗杰斯对于灵活性结构技术的推崇和演绎，为英国建筑技术美学乃至世界建筑美学体系都增添了新的视角，虽然蓬皮杜艺术中心对于技术美学的演绎方式不免激进，但客观上它大大激发了刚刚复燃的英国建筑技术美学体系的活力，为其蓬勃发展设置了一个清晰的起点。

　　在日后的创作中，灵活性的结构技术多次出现在罗杰斯的作品中，只是

1　L' Architecture D'Aujourd'hul[N]// 吴焕加 . 中外现代建筑解读 [M]. 北京：中国建筑工业出版社 , 2010: 79.

图 4-34 劳埃德大厦

图 4-35 卫生间舱体

更趋向于实用和经济化。例如，英国 PA 科学技术中心（PA Technology Laboratory），将预制的方形体作为一个独立的结构单元，建筑体量和形体的变化通过结构单元的复制和增减来实现。同样，茵茂斯微处理器工厂 (Inmos Microprocessor Factory) 也采取了类似的灵活结构。

（2）灵活性设备的炫耀式"表现"：伦敦劳埃德大厦

伦敦劳埃德大厦（Lloyd's of London）位于伦敦市中心，基地形态并不规则。罗杰斯对该建筑的功能分布上带有康的特征：服务与被服务体系相分离。该建筑的主体空间是规则的矩形，电梯、卫生间、管线等服务设备全部被放置在服务塔内，形成若干个舱体，独立于主体量之外，填满建筑外侧的不规则用地。这种做法也明显地延续了普莱斯"非确定性"技术体系和建筑电讯派"舱体"的概念，再一次流露出罗杰斯对英国建筑技术美学谱系的继承和发展（图 4-34）。

罗杰斯在解释劳埃德大厦结构体系时称之为"弹性结构"。这种"弹性"主要是通过灵活、可拆装的设备舱体实现的。[1] 当附属设备，如卫生间、电梯设施、电路管线老化或需要修理时，可以将该舱体单独拆卸下来，调整之后再安装到主体之上，而无需对整幢建筑翻新重建；另外，由于设备舱体与建筑主体的连接处大多是铆接的，因此建筑可以根据未来需求的变化，在几个方向上调整（图 4-35）。

1 大师系列丛书编辑部. 理查德·罗杰斯的作品与思想 [M]. 北京：中国电力出版社，2005: 135, 84,68.

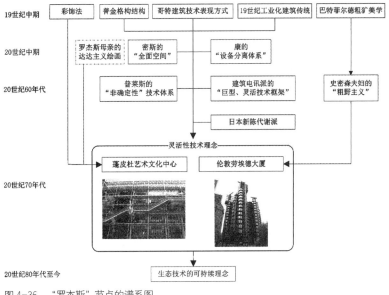

图 4-36　"罗杰斯"节点的谱系图

　　设备舱体为劳埃德大厦带来的不仅仅是灵活性的技术理念和功能，还为之塑造了强有力的技术美学形式。在此，罗杰斯的处理手法一方面受到了巴特菲尔德"粗犷美学"和他的导师史密森夫妇粗野主义材料美学的潜在影响。

　　从谱系的角度来讲，罗杰斯是英国建筑技术美学复兴的领军人物。在技术美学上，既吸收、消化了该谱系中各位前辈的美学处理手法和技术理念，同时也根据时代技术和文化的特征将之有效推进。可以说，罗杰斯是将"High-Tech"建筑语汇推向大众视野的第一人。他对技术始终抱有强烈的乐观主义态度，这使他笔下的技术与他人相比始终带有更多的浪漫、幻象和象征性色彩，美学特征上也更多地接近哥特建筑的艺术特质。因此，罗杰斯的技术处理方式通常是"表现"技术而非"再现"，并通过一种近乎炫耀的方式处理，这也是他屡次将英国建筑技术美学的表现到极致、发展到高潮的主要原因（图 4-36）。

4.3.2　技术创新的极端式再现：诺曼·福斯特

　　诺曼·福斯特是与罗杰斯同样在当代建筑界享有盛誉的建筑师，对英国建筑技术美学复兴做出了重要的贡献，获得了英国皇室颁发的勋爵头衔。他与罗杰斯拥有相似的成长经历、教育背景和民族文化传统，且曾共同合作过。

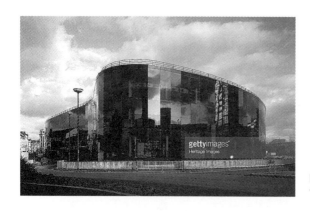

图 4-37　威利斯·费伯和仲马公司

在基础创作理念和手法上具有一定的相似度。然而，如果放置在英国建筑技术美学谱系中看待，我们则可以分辨出二者在技术处理方式上的差异，这也正是二位建筑师为英国建筑技术美学复兴所做出的不同贡献。

罗杰斯倾向于"表现性"的技术表达，而福斯特则更多的是"再现性"的技术诠释。福斯特对于技术美学的"再现性"诠释，是建立在充分发掘技术潜力、研发技术新成果基础上，并以极致化的手法处理的。他的建筑作品威利斯·费伯和仲马公司（Willis Faber & Dumas）和香港汇丰银行（Hongkong and Shanghai Bank Headquarters）均是此方面的代表作品。

对待建筑技术美学的创造，福斯特并非刻意追求技术的艺术化表达，而是理性地发掘技术潜力，诚如他所说："技术实现了（功能），美就来了"。这种美学理念与培根的经验主义哲学思想一脉相传，也决定了他建筑技术的"再现性"美学特征。但在具体的技术处理上，福斯特将技术创新成果极度如实、客观地展现出来，使建筑技术具备了视觉张力。

在威利斯·费伯和仲马公司中，福斯特探索了新技术成果，发掘了许多建筑界尚不广泛应用的技术模式。首先，体现在设计环节，由于该场地选址位于中世纪城市中心和新环路之间的几个小地块，其边界形成一条不规则的曲线。为了保证建筑能够充分地利用地形，与周围环境形成良好的对话，福斯特大胆地采用了曲线化的玻璃外墙，并通过计算机的多次编排和演练最终确定了曲线形态（图 4-37）。虽然，今天我们对这种形态已经见惯不怪，然而在 70 年代初期的英国，仍然处在现代主义严格的横平竖直的余威之下，任何曲线和奇怪的角度都被谴责为"非理性"。[1] 福斯特的大胆创举在当时具有十足的革命性，带来的美学体验也唤醒了英国建筑界。

1　C3 设计.诺曼·福斯特，伦佐·皮亚诺 [M]. 王西敏译.陈红，谭晓红审校.郑州：河南科学技术出版社，2004: 85.

在技术创新上更为重要的是，福斯特和工程师赫尔穆特·雅各比（Helmut Jacoby）联合创造了四点定位玻璃构造技术。这一技术摆脱了传统玻璃幕墙由四边固定的束缚，使玻璃的定位区域由四个边框缩减至四个角点。它的创造性发明，让最初设计透视图上的框架和窗棂全部被取消，使单个玻璃片不易辨识，一片一片沿建筑边界融为一体。而福斯特通过给玻璃着色又进一步强化了这种效果，使玻璃在白天呈现反射的状态，而在晚上建筑则由内而外地被照亮，通体晶莹剔透。因此，玻璃的物质性几乎感觉不到了，更多地呈现视觉幻象。

虽然，四点定位玻璃，这种便始于福斯特技术探索的构造形式今天我们已经司空见惯。但对于这一技术成果的运用，埃蒙·卡尼夫认为，"虽然之后有许多效仿者，但却鲜有达到原作那般精致生动的程度。"[1]

1986 年建成的香港汇丰银行被认为许多技术手法和美学观点直接源自威利斯·费伯和仲马公司和桑思铂瑞超市（Sainsbury Supermarket），但它仍然是福斯特 20 年从业生涯技术探索的高峰。在这个建筑中，福斯特创造了一个类似塔吊的悬挂结构体系。两个竖向结构塔和四对横向桁架构成了主要骨骼。结构塔彼此相对，两端相连，类似衣架式的桁架穿插其间。桁架主要承担相对轻的预制设备和楼梯单元的重量。楼体的重力载荷通过桁架和两个结构塔传导到地面。[2] 同时，在这个结构体系中穿插着许多横向的悬臂梁，它们构成了一个多层的钢架结构，用来承担风荷载和地震荷载。可以说，汇丰银行的建筑结构体系清晰地呈现了受力关系，逻辑明确（图 4-38）。福斯特并没有对这种逻辑关系掩饰或覆盖，而是高调地将之暴露出来，展示技术力量、技术逻辑和力学关系，使之成为建筑的审美主体。结构的几何形态清晰地"再现"了结构体系的力学逻辑，倾向于技术本体的"再现性"，那本身合乎力学逻辑的技术形象撼动人心，表达了极致的理性美感（图 4-39）。正如当代英国建筑评论家弗兰克·钮比（Frank Newby）所说："当你看到（汇丰银行的）裸露式的结构表达时，无论你是否喜欢，都会诧异它的逻辑体系。"[3]

以福斯特为代表的英国建筑技术美学复兴建筑师尽管在知识结构和技术处理上倾向于工程师，但他们的本质反应仍然主要集中在创造上，为新的技术成果谋求新的、合乎审美需求的表达途径。[4] 工程师遵循力学原理进行技术创新来抗拒自然，而建筑师则通过这种形式创造视觉兴奋，这也正是福斯特作品中技术"再现"的本质：绝非工程性质的简单再现，而是糅合了美学考虑的艺术性"再现"。

1　John M.For the Barton Arcade and Lancaster Avenue[J]. Catalogue in Geist 1983: 351-358

2　Norman F. Royal Gold Medal Address 1983[M]. Manchester:Jenkins Press, 485.

3　Martin P. Foster Philosophy [J]. Architecture Review, 1987(4): 84.

4　Peter R. An Engineer Imagines [M]. London: Ellipsis London Limited, 1996: 72.

图 4-38　香港汇丰银行

图 4-39　香港汇丰银行的结构

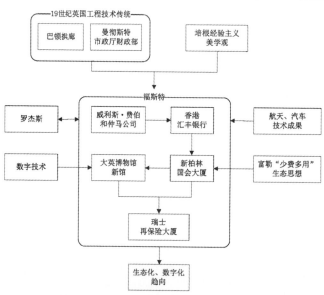

图 4-40　"福斯特"节点的谱系图

福斯特对技术创新和技术移植的关注，并将这些技术成果以一种不留余力、淋漓尽致的方式极致地"再现"出来，创立了精致化的技术美学典范，将"High-Tech"美学风尚推向了高潮，有力地引领了英国建筑技术美学的复兴（图 4-40）。

4.3.3　技术形象的唯理式呈现：尼古拉斯·格雷姆肖

尼古拉斯·格雷姆肖（Nicholas Grimshaw）是继罗杰斯和福斯特之后又一位对英国"High-Tech"做出重要贡献的建筑师。与前两者所不同的是，他更注重英国建筑技术传统的继承，他踏实、理性的技术应用方式，使其笔下的技术形象呈现出强烈的理性美感。因此，格雷姆肖以其唯理至上的技术形象，在英国建筑技术美学的谱系中占有自己的一席之地，为 19 世纪和当代的英国建筑技术美学之间搭建了连接的桥梁。

格雷姆肖十分重视英国建筑技术美学——这属于英国自己的建筑美学传统，也非常尊崇其中体现出来的理性务实精神。在 1986 年《建筑评论》的英国建筑传统专刊中，他明确说："我相信英国的建筑传统始于 1779年的铁桥（Ironbridge）。这是一个充分理解材料，并对细部给予最大关注和兴趣的传统，在这个传统统摄下的建筑，它们都致力于与材料相适宜……今天，我们再度回归到这个传统之中，多花费一些时间在技术产品的制造、检验上，而且更重要的是要理解机器和技艺的制作、使用过程。这些过程可在福斯特的雷纳中心和罗杰斯的茵茂斯工厂中看到。"[1] 可以看出，格雷姆肖主要受到了英国建筑技术美学传统中"工业化建筑"这一主枝的影响，并对其中体现出来的尊重材料、缜密细部、推敲构造以及关注建筑生产全过程的技术处理，表现出特别的兴趣，这也奠定了格雷姆肖建筑创作中基本的特征。

首先体现在技术模式的选取上。格雷姆肖秉持着工程式的谨慎和理性，非常重视对结构、材料和各种技术模式的理解和认知，并认为只有以此为基础才能建立起优秀的建筑。他将这种理念同样归之于 19 世纪英国工业化建筑带来的影响，他认为，当年帕克斯顿和查理斯·福克斯（Clarles Fox，水晶宫的钢铁结构工程师）设计的水晶宫之所以轰动世界、取得成功，其根源就在于他们从已有的知识出发，理性地将这些知识转化到建筑设计中，实现了知识的目的性转化。

因此，今天在格雷姆肖的建筑中，我们依稀能够看到对技术知识谙熟基础上的理性精神。例如，他早期的作品牛津大学冰球馆（The Oxford Ice

1　Architecture R. Is There a British Tradition[J]. Architecture Review. 1986(5): 37.

图4-41   牛津大学冰球馆

Rink）（图4-41）。该建筑是一个大型的体育娱乐场所，需要一个宽敞无柱的室内空间。而让人觉得棘手的是，该基地位于泰晤士河和城堡支流（Castle Mill Stream）的交界处，土壤潮湿松软，且靠近铁路线。这样一来，建筑不得不建立在冲基层上或者承载力更低、深度仅2～5米的黏土层上。格雷姆肖和他的工程师顾问，从基地的现状出发，研发了一种轻质且稳定的结构体系。该结构体系的基础仅承担屋顶荷载的一半，而其余的屋脊结构重量，都通过张拉杆件传导给33米高的悬臂桅杆。这组结构体系不仅受力逻辑清晰、合理，而且极大降低了黏土层的荷载，将更多地力分散地传导到砾石层，解决了基地情况欠佳与建筑功能冲突的问题。此外，该建筑几处美学高潮的技术模式同样来自于功能理性。例如，悬臂桅杆结构看似连续，实际上是分离的。这样处理的好处是使悬臂桅杆可以从三个地方铰接在一起，既省略了现场焊接的环节，又使悬臂结构容易设计，令考虑风雪荷载在内的结构分析更加清晰和明确。

牛津大学冰球馆的审美效能不同于现代主义建筑重视几何韵律、抽象构成和艺术手法的做法，也与蓬皮杜艺术中心那种炫耀技术的审美表达大相径庭。它更加注重功能的实现、实际问题的解决和技术模式的合理性，从建筑的整体结构到每个细节都渗透着理性的光辉（图4-42）。

这种唯理至上式的技术美学表达方式也体现在细节的处理上。格雷姆肖非常重视技术细节的表达，他认为关注细节不仅是英国建筑技术美学的传统，也是技术美感的重要来源。他说："我相信，人们有天生对细节的喜爱。许

图 4-42　牛津大学冰球馆桅杆　　　图 4-43　滑铁卢火车站

多建筑著作总是讨论空间，但当材料与细节在一起演绎出精致、宏伟、精彩的内容时，空间相比之下就暗淡了许多。"[1] 而他认为自己的观念同样来自于对英国建筑技术美学传统的延承，他曾列举了许多由于技术细节的精致处理的传统案例。例如，建于 19 世纪中期的伦敦帕丁顿火车站（Paddington Station）拱顶。为了保证室内的采光，设计者在梁上切了若干孔洞，这在当时实属大胆之举，但同时也显示了工程师对于梁附近剪切力的充分、清晰理解。然而，令格雷姆肖感到遗憾的是，在一战和二战之间，关注细节、材料的传统没有得到延续。为此，格雷姆肖在这个英国建筑美学"乡言"的复兴时期，力图将这一传统进行演绎和继承。

在 1985 年设计的滑铁卢火车站（Waterloo Station）中，基于理性思考而形成的细节美感渗透在整栋建筑中。该建筑的设计构想来源于动物的骨骼结构，仿效弯曲脊骨生成了建筑的基本结构，并根据功能确定的弯曲弧度（图 4-43）。格雷姆肖画了大量的草图来推敲建筑的结构细部，甚至制作了真实比例的屋架结构，计算精确到每一个技术节点，最终确定了一个平坦的三铰拱屋顶结构。屋顶的外形是由站房的功能决定，屋顶的长度取决于"欧洲之星"的长度，共四百余米。受到城市中心用地的限制，列车转弯半径和站台均采用了弧形，这使站房看起来犹如蜿蜒的动物骨架。而这种技术审美效力直接取决于建筑的功能要素。

建筑的屋架暴露在室内，镶嵌着梭形玻璃天窗和薄型钢板，自然光从一侧吊顶的下面投射进来，映在光滑的金属嵌板上，既为室内提供了充足的采光，又使金属嵌板光彩熠熠，泛出精美的光辉。这种屋顶的做法和材料交接方式，都尊重了 19 世纪英国的火车站技术形式，令英国人倍感亲切而又不

1　Architecture R. Is There a British Tradition[J]. Architecture Review. 1986(5): 37.

图 4-44　滑铁卢火车站结构细部

失现代感（图 4-44）。滑铁卢火车站因其优秀、理性的结构设计和细节处理，获得了外国建筑界乃至社会各界的赞许。英国的建筑评论界指出："宏博、壮阔的建筑结构，在维多利亚时期是多么的辉煌……为欧洲新时期火车站树立了榜样。"[1]

　　格雷姆肖在建筑创作中秉承英国建筑技术美学的传统，对其中蕴含的理性精神予以特殊的关注和演绎，让技术力量、技术运作展示出理性的美学光彩，这也是格雷姆肖为 20 世纪七八十年代的英国建筑技术美学复兴做出的贡献。然而，时代在不断地前行，随着技术的革新，工业化技术逐渐消退了光芒，生态化、数字化技术粉墨登场，格雷姆肖也在 20 世纪末出现了技术美学创作的转向，他的技术理性精神将在下一个时期内，与新型技术理念和技术模式结合焕发出新世纪的生机。

1　司世春. 伦敦滑铁卢火车站 [J]. 世界建筑，1999(07): 18.

4.4　本章小结

英国建筑技术美学是一个曲折、迂回的动态进程，经由 20 世纪初的蛰伏停滞，终于在第二次世界大战之后，在内外力双重作用下，走上了复兴的道路。

英国建筑技术美学的复兴动力是多方面的：其一，英国建筑技术美学作为现代主义建筑运动的主要源头，其思想精髓和主要手法蕴含在现代主义建筑的表达之中，因此，英国建筑技术美学的美学基因未曾消亡；其二，英国作为一个极其重视民族传统的国家，在二战后恢复了经济、政治、科技实力，再度回到了对建筑传统的探索路途上来，而盛行于 19 世纪的英国建筑技术美学，成为具有现代特征的建筑美学传统，自然而然地作为传统复兴的首选；其三，二战后的时代变迁、文化更迭，使西方各国掀起了追求多元文化、地域文化的热潮，在这种反对均质性的趋势下，英国摆脱了现代主义建筑的束缚，走上寻求自我建筑美学的途径（图 4-45）。

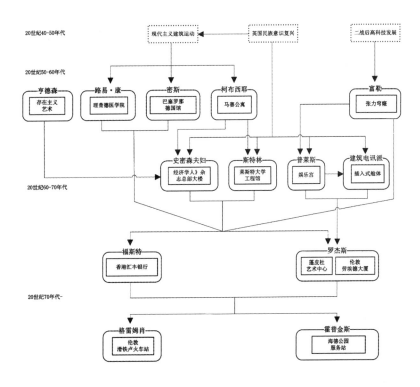

图 4-45　英国建筑技术美学复兴时期的子谱系图

第5章　谱系的新趋向：
　　　生态时代的契机与超越

　　20世纪50年代英国建筑技术美学迎来了它的又一个春天，于七八十年代走向了复兴的高潮，引领了世界范围内的技术美学风尚。然而，进入现代以来人类历史的车轮以加速度的方式向前飞奔，正当英国建筑技术美学的复兴风头正劲之时，人类社会又迎来了新的时代更替。20世纪80年代，生产方式和社会思潮出现了急速转向。得益于科学技术的稳步和高速发展，人类改造自然的能力得到前所未有的增强。人们不仅利用各种技术成果优化自己的生产、生活，甚至将技术触角伸向了自然环境的深度领域，战胜自然、挑战自然来获得更多的利益。然而，这种技术行为却在带来短期利益的同时，造成了不可估量的负面后果。气候恶化、环境污染、生态退化、物种多样性破坏等诸多环境问题，愈来愈突出，愈来愈错综复杂。在全球环境对人类的生存和发展构成严峻而不容回避的威胁之时，一个将生态环境问题置于首位，对科学技术发展进行合理规范、集约管理的生态时代来到了人类面前。

　　英国作为一个偏安于大西洋一角的工业化岛国，在经历了轰轰烈烈的工业化进程之后，其自然资源和生态环境都变得薄弱而负债累累，气候环境多受大西洋、北海乃至北极圈的多重影响，敏感而危机四伏。故而，英国的生态危机与其他国家相比更加的尖锐，生态环境问题和相应的环境保护意识被较早地激发和建立起来。

　　历史上，英国的建筑技术美学总是根据不同时代需求和技术发展进行自我调整。20世纪80年代，时代更迭和社会转型不仅为英国建筑技术美学带来了又一次的挑战，也为之提供了一个新的发展契机。英国建筑技术美学在这一历史契机下，再度自我调适，将生态观念作为这一时期的主导思维，使技术应用的观念、实际运作和形态表述都发生了改变，使技术美学的内涵在坚持理性、实用、经济的核心内容之外，又增添了关注"技术-人-自然"和谐同一的精神属性，实现了技术美学在生态时代的自我超越。

　　然而，同时我们也看到，在生态时代到来的过程中，英国建筑技术美学越来越融入全球一体化的趋势当中，出现了与其他国家趋同发展的倾向，但其延续了二百年的美学精神和传统内核依然坚挺地作用于该谱系的发展，使之依然保有自我特征，获得了技术美学时代性和传统性的双赢发展。

5.1 技术美学的生态化契机

一直以来，米丘林的"向自然索取，是我们的任务"是许多英国工业化开拓者和勤奋者的奋斗格言，也显示了 19 世纪英国社会盛行的价值观。人们相信大自然的资源是无穷无尽的，这些宝藏可以被人们尽情使用。然而到了七十年代，社会自然环境的危机、能源危机日益显露，1972 年正式出版的《增长的极限》，更是以一篇震动全球"盛世危言"的角色惊醒了包括英国在内的西方国家。在此书中，著名的"罗马俱乐部"提出"经济零度增长"（Zero-Economic Growth）的主张，揭示了人类社会面临着有史以来意义最为巨大的转变。重返自然，建筑与自然环境的协调发展成为建筑师思考的焦点。

而对于英国来说，环境问题和生态意识显的更加突出和重要。英国由于国土资源相对狭小、四面环海等自身地理特点，以及工业化程度发展较早等原因，对环境危机甚为关注。生态环境的问题，给英国建筑发展带来了时代的新要求和新挑战，同时也为之提供了崭新的发展空间和契机。面对这一时代模式的更迭，英国再一次通过所擅长的技术创新能力和探索能力解决建筑领域的生态问题，结合该谱系中长期蕴藏的生态思维、参考欧盟其他国家的相关经验、利用业已兴起的信息技术成果，探索具有英国特征的生态化技术美学发展路径。

5.1.1 技术生态思维的谱系根脉

生态思维虽不曾对英国建筑技术美学谱系的发展起过主要推动作用，但它一直潜隐在该谱系的发展过程中，为当代英国建筑技术美学的生态化发展埋下理论根脉，在历史维度上为之提供了养分和发展动力。

英国建筑技术美学的早期生态思维可以追溯到 19 世纪中期，拉斯金、莫里斯、莱特比等人都曾经从不同角度质疑过工业化对建筑和人类环境的影响，也曾不同程度地探讨过工业化技术的大范围应用能否满足人类社会精神、物质需求等问题。他们对过分工业化的技术成果和技术应用曾表示担忧。1849 年拉斯金曾这样写道：上帝已经把地球借给我们了……她不仅属于我们，还属于后世子孙。我们和他们一样早已在上帝的生灵册里登录了。我们完全没有任何权利，使我们的后人在日后蒙受任何责难、更不能剥夺他们享受美好地球资源的权利。[1] 同时还在《建筑七灯》中提倡要仿效和谐的自然秩序，抵制工业化技术过分的虚假。同样，莫里斯和同一时期的建筑师罗伯特·欧文等人主张重建自给自足的乡村生产系统，并在此基础上形成一整套手工艺技术体系，并最终提倡建立乌托邦式的城市。

在拉斯金和莫里斯的生态化论断基础上，莱特比则在 1892 年自己的著作《建筑，神秘主义与神话》（Architecture, Mysticism and Myth）一书中，通过象征主义的方式倡导建筑师重视自然美的认知。[2] 他说："象征所传达的信息将仍然是自然与人，是秩序与美，但是，所有这些都将变得温馨、简单、自由、富于信心，和充满光明"[3]。按照莱特比的观点，所有的建筑形式都应该被理解成是对自然的模仿，所有的建筑也都应该展现为一种"宇宙象征主义"，并随之给出了一些具有一般意义的常识性术语，如"像海一样的道路铺砌"、"像天空一样的顶棚"，等等。

在这里，莱特比借助象征主义表达了他对于自然美的青睐，并试图在建筑创作中建立基于自然要素的秩序，以便通过建筑的媒介，为人和自然之间搭建沟通的路径，形成"温馨、自由、光明"的亲善关系。这在 19 世纪末的英国工艺美术运动中得到了一定的实践。他的一系列观点不仅在当时欧洲理论界带来了较大的影响，前文提到的路斯和赖特都在这一思想的作用下，提出了自己的建筑装饰理论和有机理论。

事实上，类似的观点在 19 世纪的英国建筑界多有体现，例如埃比尼则·霍华德（Ebenezer Howard）所著的《明日花园城市》（Garden Cities of Tommorrow，1898 年）都从不同侧面表达了"人——建筑——环境"浑然一体、息息相生的思想（图 5-1）。体现出在 19 世纪技术美学蓬勃发展时期，英国建筑师对于技术大规模应用所带来环境负效应的关注，以及由此产生的朴素生态化思维。但由于时代局限性的存在，这些生态思维并没有行之有效地与技术美学最终结合起来，而是潜隐在英国建筑技术美学的谱系当中。

19 世纪 60 年代，高科技时代君临人类社会，英国建筑技术美学的谱系也迎来了复兴的春天，而同时技术运用与环境危机的矛盾则引起英国的突出重视。在这一趋势下，英国建筑界开始探索环境与高科技之间相协调相统一。建筑电讯派在"有机城市理论"和"行走城市"中详尽阐释了"绿色"。前者对移居的概念提出了极端的预测，后者则探讨了复杂的社会生态学与建筑秩序的融合。他们专注于环境改变和高科技成果的怪诞建筑意向，被看作是环境世界末日之战的极端绿色幻想。20 世纪 80 年代，英国建筑师陆续

1　戴海锋. 英国绿色建筑实践简史. 世界建筑 [J], 2004(08): 54.

2　克鲁夫特 H. 建筑理论史——从维特鲁威到现在 [M]. 王贵祥，译. 北京：中国建筑工业出版社，2005: 46.

3　同上，150.

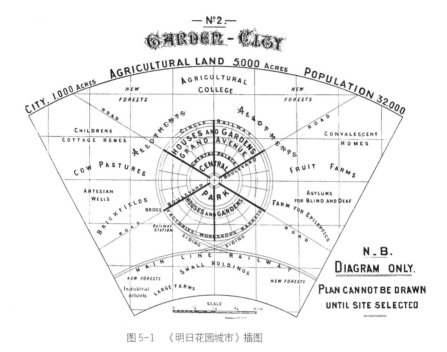

图 5-1   《明日花园城市》插图

将高科技应用到建筑单体当中,来实现节能的目的。这虽然已经是建筑技术在生态道路上的一大进步,但仍然在不久之后招致了许多经济学家、社会学家、生物学家的质疑,被斥之为"浅层生态观",认为这一方式仅仅关注了人类某些生存节点的节能效应,而忽略了整体环境的共生发展,是一种狭隘的生态观。例如,知名的英国经济学家 J.E. 米德(J.E.Meade)认为,"在过去的 200 多年里,人类一直在拼命地夺取世界上的各类资源,而在人类历史的长河中,200 年只是弹指一挥间。这期间的能源短缺问题虽然被暂时克服了。然而我们不能保证历史将会永远宽恕我们,所谓依赖高新技术会使我们免于自然资源匮乏之说更是令人难以置信。如果那一天真的到来的话,我们的子孙后代将没有理由感谢那些推动工业革命的先驱者们所具有的企业家精神。"[1]

纵观英国建筑技术美学谱系的发展历程,在其发展的高潮时期:19 世纪的生发期和 20 世纪下半叶的复兴期,伴随着建筑技术的快速发展和大规模应用,生态思维都从不同角度得到了发展。正如英国建筑理论家布莱恩·爱德华兹(Brian Edwards)评价英国建筑技术应用的生态化进程时所说:"尽管题材多种多样,绿色运动的火焰却永远不会熄灭"[2]。今天,正值全球生态问题高涨之际,英国建筑技术美学谱系当中的生态思维也顺应历史的潮流

1 布雷恩·威廉·克拉普. 工业革命以来的英国环境史[M]. 王黎译. 中国环境科学出版社,2011.

2 爱德华兹 B. 绿色建筑[M]. 辽宁科学技术出版社,沈阳:2005:34,35.

再度被激发出来，并整合当代的技术成果和技术应用经验，与严谨的工程学、信息技术相融合为英国建筑技术美学向生态化的转向提供了契机。

5.1.2　生态政策的全方位开启

20 世纪 90 年代，西方社会的无节制生产和过度消费带来的浪费、污染、能源危机日渐严重，生态问题成为威胁人类社会的主要危机。正如国际建筑师协会的《北京宪章》中所述：人类尚未揭示地球生态系统的谜底，生态危机却到了千钧一发的关头。[1]

由于英国早期工业程度较深，环境资源带来的生态危机较其他国家更加明显，因此早在 1966 年，一个被称为"自然资源保护学会"的教育机构便加入国家环境委员会并开始工作，被视为英国战后最早的能源保护机构。随后的 1972 年在《生态学家》（The Ecologist）杂志上发表了由朱利安·赫胥黎和温尼·爱德华兹（Wynne-Edwards）等著名生物学家起草的题为《生存的蓝图》（Blueprint for Survival）的声明，建议人类要限制经济发展及新的技术。由于社会呼声的升高，关于能源问题在 70 年代走入英国的政治领域，1975 年第一个以生态问题为政治纲领的政党组织成立。理查德·科布登（Richard Cobden）这个擅长经济理论的英国首相，也在谈及经济增长时强调要兼顾对子孙后代的考虑，以及应对温室效应带来的危险，显然，环境问题已经成为英国必须严肃对待的国家政治议题。[2]

在 1992 年的地球峰会上，英国政府强调和声明了自己对环境问题应负有的责任，着手在全国范围内部署可持续发展战略，这标志着英国的设计和建筑进入了一个新的纪元。在具体应用策略上，英国生态化建筑路径主要从如下几个方面进行：[3]

其一，在全国范围内颁布并实施统一的生态建筑政策，不仅对重点、大型公共建筑，在普通的民用建筑中也陆续强化实施"生态标准"。

英国环境事务局就可持续发展所使用的参数，采纳的是 1990 年的《怀特报告：我们共同的遗产》和 1994 年的《英国可持续发展战略》所建立的框架。这个战略清楚地表明了在全球气候变暖和可量化的、减少二氧化碳排放量的目标方面，将要执行的政策，并将这一标准向建筑界推广，对建筑气密性、电气使用效率、材料更新率进行了量化的限定。此外，英国建筑研究所（building research establishment：BRE）颁布了全球第一个绿色建筑评估系统——办公建筑环境负荷评估法——BREEAM

1　廖含文，康健. 英国绿色建筑发展研究 [J]. 城市建筑，2008(04): 9-11.

2　Ashby A. The Politics of Clean air[C]. NSCA, 44th Annual Conference 1977: 5.

3　我们共同的遗产. 英国皇家文书局，伦敦，1990. 转引自布莱恩·爱德华兹著. 周玉鹏，宋晔皓，译. 可持续性建筑（第二版）[M]. 北京：中国建筑工业出版社，2003: 47.

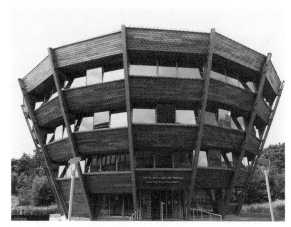

图 5-2 朱比利校区图书馆

（The Environmental Assessment Method for Buildings Around The World），建立了一套基于对科学量化的评估指标表，成为在 20 世纪末以来指导、规范英国生态建筑技术创作的法规。这一内容影响了 1996 年美国的 LEED 法案、1998 年加拿大的 GBTool 生态建筑标准和 2001 年欧盟出台的 SEA 评估方法。

其二，积极推广示范性项目和前瞻性设计实例。英国自 20 世纪末开展了零碳排放项目，即 ZED。并通过建立生态建筑创新园区来讲建筑师的生态作品、创新材料或环保技术集中向市民展示。同时，在目前已达到 BREEAM 优秀标准的近七百个公共建筑中，选取一部分对公共游人开放，以强化公众的生态化建筑认知，深化环境保护观念。这其中包括伦敦市政厅、威尔士议会大厦、诺丁汉大学朱比利校区等知名建筑（图 5-2）。

其三，采用经济和政策的手段对生态建筑和相关技术的开发进行扶持。如 1990 年英国颁布了《环境白皮书》，1997 年出版的《规划政策指南卷》（Planning Policy Guidance Note）和 2004 年出版的《规划政策指南卷》替代文件。这些文件法规都共同阐明了一个主题：在即将到来的新世纪里，生态化建造和可持续发展是英国一切建筑设计与城市规划的最基本原则。

其四，从教育层面抓起，将生态理念、可持续建筑理念作为建筑教育的核心内容。生态理念渗透入英国建筑教育体系当中，如今已经成为核心的教学和设计的出发点。

总之，在生态时代悄然到来之际，英国建筑从保守滞后，到积极吸取欧盟各国的先进经验，最后走出了一条符合自己国情和特色的生态化建筑道路。而这些很关键地得益于政府对生态政策科学和全面的制定，英国的生态化建筑也因此具备了基本的面貌。在此过程中，技术的运作模式、美学的重要性等问题都被高调地探讨，生态建筑的主要载体——技术，也因此获得了更宽广的表演空间，新世纪到来之际的英国建筑技术美学也因生态化转向而变得异彩纷呈。

5.1.3 生态实践的技术支撑：数字技术

自 20 世纪 60 年代之后，数字技术开始作为一种新兴技术作用于人类社会的生产与生活，使人类社会出现了划时代的技术变革。反映在英国，由于二战后殖民体系的瓦解和工业革命精神的衰退，英国虽然从昔日世界第一强国退居为西方工业国家中的第五位，屈居于美、日、德、法之后，[1] 但它在航空、电子技术等领域依然占据国际先进水平，尤其是在信息技术方面，英国成为除美国之外贡献最突出的国家，如集成电路、光导纤维、电信设备、电子程序控制、雷达等技术都居于世界先进行列。[2]

面对数字技术带来的革命和冲击，英国建筑界适时调整了自己技术理念的同时，但却也再一次展现了自己的独特性。他们没有像美国同僚那样走上虚拟化、瞬息化的场景美学创造之中，也不似欧洲大陆等国家就数字技术提出了基于哲学理念的空间形式和建筑理论。英国建筑技术美学谱系中的源初基因——经验主义哲学——在技术时代转换之际又一次发挥了它强大的作用力。英国再一次将这场技术革命的成果运用到实实在在的建筑营当中，并将之作为支撑生态化建筑观念的物质力量，在具体的辅助设计环节或建造环节应用，为英国建筑技术美学的生态化实践，提供了重要的、坚实的物质基础。

在英国建筑界，数字技术作用于生态化建筑实践主要分为两个阶段，20 世纪 80 年代的工具性辅助阶段，和 20 世纪末的全周期介入阶段。

（1）数字技术的工具性辅助

80 年代的英国，生态化技术观念向建筑界渗透之际，这一时期的建筑呈现出以生态理念为内核，以数字技术为物质表象的技术美学趋向，数字技术主要集中在设计阶段和实体运营阶段。

在设计阶段，为了实现生态化的建筑，英国建筑师通常借助信息技术来进行物理测算、形体设计和量化评估。在这一过程中，建筑师主要通过移植其他领域的成熟信息技术来应用到建筑设计中。例如，霍普金斯、阿若普等人借鉴飞机和汽车制造业中的动态计算机程序来模拟穿过建筑和围绕建筑的

1 刘云，董建龙．英国科学与技术 [M]. 合肥：中国科学技术大学出版社，2002: 5-17.

2 英国是集成电路、光导纤维应用于商业通信等应用基础研究的发祥地，在世界上最先对电子计算机、电视和电视图像系统进行商业化开发；也是世界上无线电电子工业的发源地，在雷达、导航设备、电信设备、电子器件、通信系统、电子程序控制与工业测试设备等方面，都有较大贡献。英国的雷达制造技术居世界先进行列，产品销路很广，西方国家（除美国外）大部分民用机场的雷达和空中交通管制设备、船用雷达都是由英国制造的。参见刘云，董建龙编著，英国科学与技术，合肥：中国科学技术大学出版社，2002：17-21.

图 5-3　戴姆勒－奔驰办公楼　　　　　　　　图 5-4　戴姆勒－奔驰住宅楼

空气流动，模拟风洞试验，探索建筑形态对于空气导向的最佳可能性，以使得风可以以更快的速度从建筑物的表面流过。在信息化平台的辅助下，阿若普等人不断测试利用主导风把空气通过塔楼拨出的方式，采用了飞机机翼所运用的"升力"气流方式。最终确定的建筑物形状，有利于加快建筑物和它相邻的塔楼之间风速。因此，建筑师在此设置发电机，将风能转化为电能——在白天供应建筑物的服务用电，在夜间则用来供应国家电网。据统计，运用此技术产生的电量，能够满足普通的英国办公大楼一年总用电，实现总体能量的自我平衡。

　　这无疑是数字技术与生态观念共同作用下的革命性成效，而数字技术糅合在生态观念之中，使建筑在设计之初就遵循着精确、科学、量化的路径生成，大大规范和优化了生态建筑的设计环节，也使设计过程直观化，便于建筑师对建筑和技术模式的操控和修改。例如，通过计算机程序，建筑图纸尚且还在图板上的时候就可以生成或预知一栋建筑物中空气的流动、光线的照度和热量的获取，增加了建筑设计过程中处理生态问题的能力。戴姆勒－奔驰办公楼和戴姆勒－奔驰住宅楼就是依靠此类信息技术的创作成果。在构思过程中，运用日影仪来模仿太阳光的轨道，按照这一模拟的光线生成了建筑的凸凹体块，从而形成了建筑最终的形式（图 5-3、图 5-4）。

　　在英国建筑界，数字技术还主要用于生态建筑的智能操控方面。罗杰斯认为，数字技术结合电子技术和材料技术能组成一套敏感的电子"神经系统"，作为建筑的表皮，类似"变色龙的皮肤"，使建筑对气候条件做出反应。

　　90 年代中后期，智能技术系统频繁出现在英国建筑技术创作当中，对建筑的生态化运营起到了非常重要的技术支撑作用。尤其是可以吸收、分配和产生能量的可响应外表皮，以及灵活使用模式的自动电梯系统，它们节能、灵活的身影已经成为英国建筑技术美学表达中稳定的审美要素，也为其营造了更为舒适的室内环境，积累了更科学、更丰富的生态实践经验。

（2）数字技术的全周期介入

数字技术渗透到生态建筑的建造环节，这不仅使许多局限于纸面和幻想层面的生态化理念得以实施，而且让生态建筑中的关键技术能够精确、优质地建造出来。在英国，生态建筑建造环节的数字化最突出的特征是从传统的工业化"建造"走向数字化"制造"。

一方面，基于生态观念的建筑形体多运用复杂几何形态，而它们的成功"建造"则越来越依赖于"制造"。20 世纪 80 年代以来，流体力学、空气动力学等相关学科的知识涌入英国建筑领域，它们成为建筑实现自然通风、舒适室内环境的基本手段。正如威廉姆·麦歇尔（William Mitchell）所说："建筑师画出他们所能建造的，建造他们所能画的。"[1] 此类复杂几何形态建筑大量兴起的最根本原因在于建造能力的提升，其核心是建造向制造的大幅度转嫁。

例如大英博物馆扩建工程（Great Court at the British Museum，1994 ～ 2000）是数字技术介入下的生态建筑杰出代表，它同时也开辟英国信息化建造先河。该方案主要是在若干个原有建筑之间假设屋顶，使原有的庭院空间变成室内空间。而由于面积巨大，为了增加室内主导风，加速室内空气流动、减少空调的运用，福斯特事务所测算了室内气流的基本路径，根据该路径采用了不规则的曲线式屋顶形态。而在这不规则的曲线屋顶结构里，其空心杆件达 4,878 个之多，不同尺寸的节点也有 1,566 个。若按照工业时代的建造方式来逐个设计和生产，其所需时间和经济费用不可预想（图 5-5）。然而，凭借着数控切割机——CNC（Computer Numerically Controlled），由电脑绘制的模型直接指导切割环节，免去了传统建造方法中为了生产数千件构件而做的数千次设计，节省了大量人工和时间（图 5-6）。这一过程中，建筑的建造环节表现出向"制造"工业大幅度倾斜的现象。信息技术作用下的"制造"成为生态建筑复杂形态得以建造实施的主要技术支撑，并且在"建造"环节中起着关键性作用。

另一方面，数字技术作用下的制造方式越来越丰富与先进，能够为几乎所有的新兴材料提供适宜的加工方式，为英国生态建筑提供了更坚实的物质保障。

1　Branko K. Architecture in the Digital Age·Design and Manufacture[M]. UK: Taylor & Francis, 2003: 38.

图 5-6   数控切割机 CNC

图 5-5   大英博物馆扩建工程

在 20 世纪 80 年代以来，由于生态观念的兴起，建筑技术创作已经不再局限于往日的钢、铁、玻璃、混凝土等建材，而是纳入了许多可以满足生态化需求的建筑材料，如 PVC、PC、ETFE、泡沫混凝土、钛铝合金等等。而对于它们的加工方式，英国则依托数字技术取得了一定成效。例如，英国率先在建筑建造中探索性地应用了 CNC 多轴打磨技术，这一技术能在 3 ～ 5 个维度上切割和打磨石材、钢材等硬质材料。如今的英国建筑界的"制造"技术已经形成了技术集群，二维制造（Two-Dimensional Fabrication）、减法制造（Subtractive Fabrication）、加法制造（Additive Fabrication）、整体制造（Formative Fabrication）等四大类制造方法成为主要的技术支撑（表 5-1）。这些制造方式各有特点，能够满足不同材料、不同要求的构件加工。这些数控化制造技术的研发和运用，使许多新型建筑材料能够成功地应用于建筑当中，从而发挥它们生态化的效能。

首先是施工定位的数字化。在数字时代的施工中，建筑定位渐渐远离了卷尺和标杆，转而利用电子仪器和激光定位仪来精确地确定建筑组件的位置。安纳特·勒库尔（Annette LeCuyer）曾这样描述数字技术的自动化定位过程："在施工过程中，每一部分建筑构件都在断截面上贴有条形码。现实中的每个构件与 CATIA 模型中的构件位置对应。施工现场的激光定位仪与 CATIA 模型相连，因此可以快速且准确地定位每个构件需要放置的位置。"[1] 此外，全球定位技术 GPS（Global Positioning System）也被

1   Branko K. Architecture in the Digital Age·Design and Manufacture[M]. UK: Taylor & Francis, 2003: 38.

制造方法的分类及特点 表 5-1

制造方法		主要特点
二维制造	激光切割	高密度红外线与高压气体混合，通过融化和灼烧材料来切割。用于能吸收光能的材料，16mm 厚的材料最为经济
	水喷切割	高压的水与固体颗粒混合物经过细小喷嘴形成高压水柱，用以切割材料。切口清洁、精确。可广泛用于各种防水材料
	等离子电弧切割	电弧通过 25,000°F 的高温在喷嘴处将气体转化成等离子，用来切割材料
减法制造	电子切削	从固态材料上切削一定体积的材料。钻头沿轴线运动，目前可达 5 轴切割。钻头直径、旋转速度均可调节。不同的材料依据各自的物理性能选择不同的切割方式
	化学切削	
	机械打磨	
加法制造	层叠加法	主要通过层层添加材料形成预期形态，是减法制造的相反方式。由于加工对象尺寸有限、耗资大、生产周期长。该方法在建筑界应用范围有限，较多用于大量复杂构件的制造
	实体自由型	
	快速成型	
整体制造		通过机械力、蒸汽力等方式使材料一次冲压成型，主要用于金属等塑性材料

率先引用到英国的建筑施工中，用来校准各个构件之间的位置和关系。施工定位自动化不仅解放了人的肢体劳动，同时也带来了施工质量精致度的提高，建造工艺的度量衡也由土建的 cm、工业化的 mm，走向了信息时代的 0.01mm。[1] 这一技术成果在崇尚精准化技术美感的英国建筑界备受宠爱，尤其在形态复杂、极度重视施工精度、讲求节约材料和成本的生态建筑中。今年来诸多大型的生态化办公或商业建筑都对其加以应用，如伦敦市政厅、伦敦的瑞士再保险大厦等等，数字化的施工定位已成为现今英国生态建筑较为普遍的施工技术模式。

其次是施工操作的自动化。手工业时代和工业时代的施工操作都未能脱离人的物理性介入。而在数字时代，由于自动化的施工技术，人们终于彻底退出了具体的操作流程，施工操作也具有了划时代的特征。施工操作的自动

1 秦佑国. 中国建筑呼唤精致性设计 [J]. 建筑学报，2003(01): 21.

化最早发源于日本，英国借鉴了日本的相关经验，成为少数几个致力于此领域研发与大规模应用的国家。英国的数字化施工操作是基于各领域技术的协同作用得以实现的，其代表产物之一为"施工机器人"。如"强壮的杰克"（Mighty Jack）可用于抬升、放置较重的钢梁，"运载材料的大力士"（Reinforcing Bar Arranging Robot）、"混凝土处理者"（Concrete Placer）擅长于混凝土的现场浇注，"自动爬升检测者"（Self-Climbing Inspection）和"柱衣"（Pillar Coating）等机器人多用于建筑表面的喷涂。[1]虽然施工机器人并不像电影中描述的那样拟人和智能，但它们在不同的领域中各司其职，减少了人的物理操作和危险系数，而且大大超越了传统施工和工业化施工的难度和精度，减少因施工误差、工程反复而带来的能源和材料的浪费，为英国生态建筑实践向复杂化、精确化、集约化方向发展提供了更多的物质基础。

在数字技术的作用下，英国建筑创作过程，尤其是生态建筑技术的创作链条，从设计、建造、施工到实体运营的全流程基本具备了自动化、智能化的特征。在英国，这一技术运作流程的革新，并没有像其他国家那样关注虚拟空间和复杂形态对哲学观念的表达，而是紧紧围绕着生态化的技术观念内核，成为生态建筑不可或缺的物质支撑。数字技术在英国建筑领域的全面介入，为英国建筑技术美学向生态化趋向发展，搭建了关键且必须的物质平台，同时也从物质实在的角度为其发展提供了重要的发展契机。

1　Branko K. Architecture in the Digital Age•Design and Manufacture[M]. UK: Taylor & Francis, 2003: 38.

5.2　技术美学的生态化超越

在全社会的生态思潮下，英国建筑技术美学谱系逐渐调整了自我方向，其美学关注重点从彰显当代技术"力量"，过渡到重视技术"生态功效"上来，技术转化为生态理念的实用工具，在技术运作模式上实现了生态化的超越。与此同时，在 21 世纪即将到来之际，英国建筑界涌现了一批以生态建筑为创作重点的建筑师，他们一方面秉承理性、求实的技术美学精神，借助当代技术成果追求建筑的生态效能，另一方面，则拓展了技术美学的疆域，在英国建筑技术美学谱系的理性之美、力量之美基础上，构建了技术与环境的依生之美、整生之美和共生之美，从美学精神上试图超越传统的技术美学。在这一系列技术美学生态化探索基础上，英国再次在时代更迭之际，较为成功地实现了技术美学的转向，成为世界上首批扬起技术美学与生态环境共存大旗的国家。

5.2.1　High-Tech 到 Bio-Tech 的美学转向

20 世纪 80 年代末，在生态时代轰轰烈烈到来之际，英国的建筑技术美学出现了总体性转向。其中范围最广、影响力最大的建筑界动态当属"High-Tech"阵营的集体转向。该阵营中的建筑师摒弃了极端化彰显技术力量的美学表达方式，渐渐向生态化靠拢。技术从技术美学的"目的"变成了实现生态化理念的"手段"。英国建筑技术美学从崇尚高科技极端技术美的"High-Tech"风潮，过渡到了生态化的"Bio-Tech"共生技术美。

"High-Tech"向"Bio-Tech"的成功转向是渐进式的。从 80 年代的"适宜技术"探索阶段，到 90 年代中期的"技术可持续论"，再至 21 世纪初的"环境可持续论"，在历时三十余年的历程中，英国建筑技术美学不仅较为成功地实现了生态化的转向，同时也积累了丰富的生态技术应用经验，为世界范围内的建筑生态技术发展作出了有益贡献。

（1）适宜技术阶段

在 20 世纪 80 年代的时间里，英国建筑技术创作中逐渐出现了适宜技术的模式，这些技术理念和技术模式为 90 年代末大规模到来的生态建筑技术预埋了基础，成为"High-Tech"通向"Bio-Tech"的过渡技术模式。

图 5-7　劳埃德大厦的玻璃外墙　　图 5-8　劳埃德大厦钢筋混凝土柱

　　适宜技术理念是由英国经济学家 E·F·舒马赫（E·F·Schumacher）在对第三世界国家——印度进行深入研究的基础上，于 1973 年出版的《小即美好的》一书中首次提出的。此书中，他严厉批判了资本主义企业的无度扩张和对资源的挥霍，声讨现代工业文明的弊病。舒马赫认为，资源密集型的大型化生产导致经济效益降低、资源枯竭和环境污染，应当超越对"大"的盲目追求，提倡适当规模、中间技术等等。[1]认为人类要生存就离不开技术，但技术不能与自然对抗，反对使用高能耗技术，提倡利用可再生能源的适宜技术。它的技术观念诱发了随后西方社会许多技术哲学和技术理念的产生，也对逐渐意识到环境危机的英国建筑界带来不小的影响。

　　不可否认，在 20 世纪七十年代的"High-Tech"美学风尚中，许多建筑师对具有高科技含量的技术带有崇尚的情绪。而当舒马赫的"适宜技术"理念在英国兴起并进行了相关的经济学、技术实践之后，适宜技术的理念渗透到"High-Tech"阵营当中，被许多建筑师吸纳，并探索性地体现在技术创作当中。

　　例如，在 19 世纪哥特复兴建筑时期，工程师曾经在建筑采暖和制冷问题上，将夜间空气"冷量"贮存在建筑内部结构中，白天结构将吸收的冷量缓缓释放出来，降低室内温度。另外，在英国议会大厦中，还曾运用过在主要建筑进风洞口处设置"冷水房"的方法。让空气穿越较凉的水房，减低空气的温度，冷气在室内的循环过程就是降低温度的过程。这些技术手法在哥特复兴时期广泛采用，是低造价、低能耗的技术，符合适宜技术的范畴。伦敦劳埃德大厦中，罗杰斯首次采用了适宜技术的方式，设置了一个三层玻璃的外墙（图 5-7）和一个暴露于内部的钢筋混凝土顶棚（图 5-8），让它

1　[英]E F 舒马赫．小的是美好的 [M]．虞鸿钧，郑关林，译．刘静华校．北京：商务印书馆，1984: 8,12.

们吸收夜间的冷量并在白天释放出来，减少了白天使用时所需的人工制冷量，作为该建筑的辅助制冷设备。此外，在福斯特设计的德国国会大厦中，建筑周边的地下蓄水层中配有若干个蓄水井。绝缘性能良好的蓄水井能阻碍水与外界的热量交换，在冬季热水被抽出来为室内供暖，在夏季冷水则用来驱动冷水设备以提供冷却水，底层中的冷水在炎热的天气则可抽取来作为顶棚冷却系统中的冷却剂使用。

适宜技术作为工业化技术、高科技技术与生态技术之间的过渡阶段，修正、调整了前者存在的弊端，为它向生态化过渡，适应社会的生态化需求搭建了平台。正如福斯特所说，无论是高技术还是低技术，只要是适宜的，便是最合理的技术。

（2）技术可持续论阶段

90 年代英国建筑界乃至英国政府都意识到了生态问题的严重性，并相继出台了诸多约束、规范建筑行为，保护生态环境的相关政策和措施（详见本文 6.1.2）。

而在此过程中，英国"High-Tech"建筑师也纷纷的提出了建筑与城市的生态能源问题，以罗杰斯为代表的建筑师于 1995 年在 BBC 电台做了轰动全国的雷斯报告（Reith Report）。他从建筑师的角度向全英国社会分析了英国乃至全人类所面临的紧迫生态危机，首次公开表明了英国建筑师面对生态危机的积极态度和社会责任。同时，罗杰斯对曾经被英国上议院正式命名的"High-Tech"建筑进行了补充定义，以使其更加符合业已到来的生态时代的需求。他强调，对高端技术的科学、理性利用能够矫正那些由粗制滥造和产品工业化所引发的一系列问题，应对现今的高新技术持有一种乐观精神。这一论点，被称为"技术可持续说"，并获得了较多的支持者，如福斯特，依兰·里奇（Ian Ritchie），托马斯·赫尔佐格（Thomas Herzog）等人。他们认为这种观点符合联合国环境与发展大会于 1992 年的报告（Earth Summit at Rio）中所提出的中心思想。[1] 随后，1996 年由托马斯·赫尔佐格草拟，并由欧洲 11 个国家 30 位著名的擅长应用技术的建筑师共同签署了《建筑和城市规划中应用太阳能的欧洲宪章》，其中包括英国建筑师福斯特、罗杰斯和格雷姆肖等人。他们共同提出了具有启发性的建议，并指明了建筑师在未来社会中应承担的责任。此宪章的也一度被欧洲建筑界称为"High-Tech"建筑师的集体生态转向。

90 年代的英国建筑界在生态建筑的建设方面主要推行"技术可持续说"，

1 理查德·罗杰斯，菲利普·古姆齐德简．小小地球上的城市 [M]．仲德昆，译．中国建筑工业出版社，2004: 91.

崇尚技术革新。一方面，这种趋势符合当时全球性的生态化、高技术化发展目标，另一方面，具有深厚技术传统的英国，合理地运用技术来解决建筑的生态节能问题，是符合本国美学习惯的解决之道。在这一大趋势下，越来越多的英国建筑师纷纷从高技术成就的自我沉浸中清醒过来，将生态节能问题纳为技术运作的主要关注点，并且认识到建筑、技术与自然、资源是相互依存的关系，为了谋求人类社会的长期健康发展，在自然环境和建筑之间建立和谐的依生关系是迫在眉睫的事。

得益于根基深厚的技术传统，英国在短时间内便建立起相应的技术路径，将解决建筑单体节能问题作为主要着力点，而且在"适宜技术"的理念基础上，形成了"高技术与适宜技术"相结合的基本运作模式，并在逐渐探索中于 90 年代末发展成为"被动式技术"模式。

这种方式既规避了一味采用高技术成果带来的高成本、高耗费和生产周期长等弊端，也能让传统技术、民间技术等适宜技术模式更高效地发挥作用。另外，这两种技术结合取长补短、发挥各自优势，让生态节能技术站在一个经济、实用的平台上，而不是表面性的口号或节能噱头，既延续了英国建筑技术美学理性、务实的传统，又从节能的角度拓展了美学范畴和表达形态。

流线型建筑外形是最常用的技术模式，一方面，这受到富勒关于空气动力学原理的流线型外形的启发。另一方面，得益于 90 年代介入建筑设计的数字技术发展。这种形态能够引导主导风，促进室内空气的自然循环，营造舒适的环境，而无需高能耗的机械冷却系统。若再配合其他技术手段，建筑几乎可以实现无能耗的空气调节。例如，泰晤士峡谷大学资源中心（Thames Valley University），利用数字化模拟软件对气流进行流体动力学分析，测算建筑的形体和流曲度，并通过数控制造、打磨将铝板或木板整体冲压成型。这一技术形态遵循空气在建筑中的自然流动，在减少空调能耗的同时也塑造了生动的建筑外轮廓。伦敦市政厅（City Hall, London）、布劳德威克住宅（Broadwick House, London）、伦敦金丝雀码头地铁站（Canary Wharf Underground Station）等建筑都是这一技术体系下的作品（图 5-9、图 5-10）。

再如，双层玻璃幕墙也是备受英国建筑师宠爱的技术模式。它基于"烟囱效应"的拔风原理，底部为进风孔，顶部为出气孔，随着温度升高而向上流动，形成不断运动的气流。这种幕墙形式在 20 世纪 90 年代至 21 世纪初十分常见，奇斯维克公园建筑（Chiswick Park，London）等建筑都有其通透、晶莹而又节能的身影，被福斯特喜爱地称为"建筑的双层皮肤"。

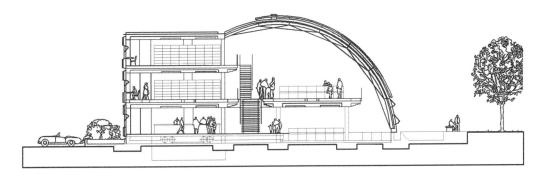

图 5-9　泰晤士峡谷大学资源中心流线型屋顶

图 5-10　伦敦市政厅

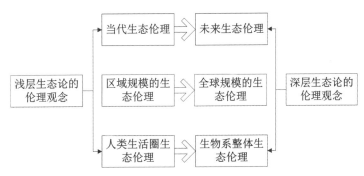

图 5-11　两种生态论的伦理系统对比

（3）环境可持续论阶段

在英国，随着生态观念的日益深入，社会各界对生态问题的认识在不断地深化和完善，一种超越了关注建筑单体节能、宏观统筹人类生存环境的生态观念浮出水面，它与单纯依靠昂贵技术应用，单一考虑建筑自身问题的浅层生态论相区别，被称之为"环境可持续论"或"深层生态论"[1]（图 5-11）。

环境可持续论的日渐形成，进一步改写了英国建筑技术美学的面貌。虽然，完全依赖技术力量来解决生态问题遭到了反对，但在实际工程中，没有技术力量参与，建筑设计很难行之有效地实现优质的生态化要求。因此，有选择地运用在实践中已经得到广泛肯定的技术，谋求技术应用和生态运作的双赢局面，不失为上佳的选择。于是，技术的运用又一次成为英国建筑界发展的支点。

其一，利用技术，减少建筑对自然资源造成的压力，谋求人类与全球生态环境的和谐关系。例如，在威尔士国民议会大厦（National Assembly for Wales），从因地取材、集约化建造到资源循环利用等一系列手法统筹作用，成为生态时代下英国建筑技术美学的新标杆（图 5-12）。

1　王静，王凌. 英国生态家园评估体系评介 [J]. 世界建筑，2006 (07): 89.

图5-12　英国威尔士国民议会

　　首先，是因地制宜的建筑选材。材料选取方式很大程度上影响着建筑的耗资、碳排放量和环境副作用。全球一体化的态势致使当今许多建筑在世界范围内大量选取材料，这不仅增加建筑的成本，也由于应用各种运输设施和采伐设施增加了无意义的碳排放量。因此，在"环境可持续论"中，因地制宜取材、选取可持续材料是更为科学的选择。这不仅可以为建筑生命周期的低碳化增添砝码，同时能够使建筑的地域特征增强。威尔士国民议会大厦许多材质源自威尔士本地，其目的就是减少材料的运送程序，节省碳排放量、节约资金浪费。建筑的基础、台阶、围墙均采用威尔士本地的潘瑞恩（Penryn）页石。在细节加工上，石材剖切力求显示出该材质的特殊纹理，以突出它固有的花纹和特征（图5-13）。由于建筑外的港口地面铺装也采取的这种页石，因此视觉上该建筑与外环境浑然天成，构成卡迪夫海湾特有的硬质景观。更重要的是，就地取材的石材使建筑很好地适应当地潮湿的气候，也大大节省了石材运送成本和运输过程所不可避免的碳排放。此外，建筑中所用的木材，除波浪屋顶的特殊材质需求外，均采用了威尔士橡木。这一源自本地的橡木被大范围地应用在该建筑内部的固定设施和家具中，对减低建筑材料运输过程中的碳排放承担起了应有的责任[1]（图5-14）。

　　其次，是集约化的建筑建造。在威尔士国民议会大厦这个建筑的构件建造过程中，预制技术被予以充分的利用，使非现场作业达到最大化。[2]各种尺寸和标准的木板、钢结构、石板、覆面玻璃等构件均在预制工厂加工完成，在施工现场进行拼装和后期固定。统一加工、集体预制的建造方式结束

1　Paul F. Richard Rogers' Welsh National Assembly Building: Renewal of Patrick Hodgkinson's Brunswick Center[J]. The Architectural Review, 2006(02): 28-32.

2　姚彦斌. 走向公众和环境的现代卫城——理查德·罗杰斯设计的新威尔士国民议会 [J]. 时代建筑, 2007(04): 118-123.

图5-13　页岩

图5-14　威尔士国民议会大厦木材

了在施工现场粗犷式、重复化的加工状态，而是对整个建造过程的精确预算和统筹规划。它不仅加工效率高、用料精确节省，同时还在经济、人力、能耗方面体现出了很强的集约化特征。

再次，是资源的再利用，如雨水收集。威尔士地区湿润多雨，雨水纷飞构成了该地区秋冬季节的主要气候特征。为了适应和利用这一气候特征，威尔士国民议会建立了雨水收集系统。雨水经屋顶坡度流向各个侧面的集水管，再由集水管转至暗沟最后流向建筑后侧的雨水回收池。该系统收集和净化的雨水，为建筑提供了除饮用水外的所有用水，如冲厕所用水和夏季屋顶水池的蓄水等。此外，集水管的形象纤细精制，在立面上与钢柱共同构成了竖向构图要素，起到了装饰作用。从这一侧面，我们看到了该建筑对地域特色、低碳运营、技术审美所表达的尊重之情和艺术化巧思。

在多种技术的综合构建下，该建筑实现了较高的生态效益。据报告显示，该建筑最低运行耗能可以控制在 75 kWh/m^2，这在欧洲大型办公建筑中显得非常难得（图 5-15）。低耗能、低碳运营使它达到了 BREEAM 环境策略"优秀"的级别。而更为重要的是，威尔士国民议会大厦树立了将全球生态系统作为思考对象，将全球生态问题，尤其是树木、水资源的保护问题置于首位，体现了从全球生态系统的视角观照技术和建筑，谋求人类、技术与自然环境和谐同一的观念。

其二，通过技术激活历史传统文化，谋求人类与历史传统的和谐同一关系。深层生态论不仅包括人类对于自然环境的关爱，也涵盖对人类历史文

图5-15　屋顶风帽

化的尊重。对于历史文化的忽略，在 20 世纪中期曾经引起了各国文化工作者的关注，重建文化生态是今年来包括我国在内的大多数国家亟需解决的事情之一。正如新华社记者王军和冯瑛冰在《谁来保护文化生态——历史文化名城保护忧思录》中指出："匆匆于现代化进程的人们，在付出了惨重的代价后终于明白了保护自然生态的重要，开始还林还绿。可是，相当多的人特别是决策者对保护良好的文化生态依然没有足够的重视，正在做一边建设一边破坏的蠢事。须知，自然绿色是人类生存的基础，而文化的绿色是民族精神延续的基因。自然环境破坏了可以弥补，而历史文化生态一旦破坏即无从恢复。"[1]

　　在此方面，英国可以说是一个走在前列的国家，建立了较为严整的建筑遗产保护体系。英国建筑师更是致力于通过技术的合理、优化运用来激活环境的历史传统，以实现技术的自然生态效力和文化生态效力的双赢。例如，罗杰斯设计的法国波尔多法院（Bordeaux Law Courts）是这方面的代表典例。波尔多是一个以酿造优质红葡萄酒而闻名遐迩的古老城市。因此，在这个建筑中，建筑师力求用技术来激活这一传统文化，将传统符号提炼成现代技术的形式。采用当地最好的橡木（用作酿酒桶）作为建筑整体的面料，

1　周岚等 . 城市空间美学 [M]. 东南大学出版社，2001: 105, 147.

图5-16　法国波尔多法院草图

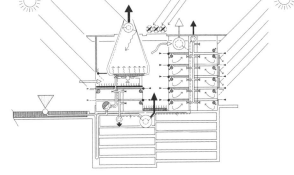

图5-17　法国波尔多法院

七个独立的审判厅看似介于酿酒桶与装酒瓶之间的奇特形象（图 5-16）。

　　这样提炼出来的建筑形象，具有波尔多这个地区独特的酒文化符号特征，又具有优秀的生态节能效力。因为，酒桶式的审判厅的功能和外观就像干燥室，空气穿过一个室外水池被冷却和加湿，然后从法庭地下进入。法庭上方通过一个很小的然而高效率的天窗采光，只有很少的热量能够进入。太阳照射审判厅屋顶产生的热量增强烟囱效应，产生比机械风扇所能产生的空气流动更佳的拨风效果。如此，波尔多法院凭借合理的技术运用，既赋予了建筑优秀的传统文化特征，又保证了该建筑节能低碳、生态舒适的运营（图5-17）。

　　其三，利用技术，修护、拯救业已破坏的自然环境，谋求人类与现存环境的和谐同一关系。在英国由于 19 世纪以来的大规模工业化生产，许多自然环境遭受到了严重的破坏。许多工业废墟或遗址长期以来被搁置，成为环境改造的毒瘤。在 20 世纪 90 年代末，英国建筑师试图通过技术的手段赋予其生机。其中最为典型的案例当属格雷姆肖与工程师托尼·汉特（Tomy Hunt）于 2001 年联合创作的伊甸园工程（Eden Project，England）。该项目的初衷是为了对康瓦尔郡废置已久的陶土矿坑遗址进行改造和再利用，同时借助废弃的陶土矿坑适宜的地质条件建立一个植物园（图5-18）。

　　在具体的实践中，当代技术成果起到了至关重要的作用。格雷姆肖受到富勒的曼哈顿城市穹隆启发，利用网格球顶，通过尺寸分级，将之设计为可调的圆顶。这个网格球顶可以改变周长来适应复杂多变的地基条件，从而可以为不规则的矿坑覆上合适的穹顶。在材料的选取上，格雷姆肖选用了铝和 ETFE，在该项目中充分发挥了它的轻质、通透、保温、耐压的特性。与

图5-18 伊甸园工程

传统建筑材料玻璃相比，ETFE 结构只需玻璃 1% 的重量，就可以达到 11 平方米的玻璃面板可镶嵌面积。它跨越崖面和矿坑，构建了一个高 56 米，跨度 110 米的最大穹顶，并且最大限度地模拟了热带湿润生态系统。现今，这个位于英格兰岛西南部的伊甸小镇，已经不再是昔日被人遗忘的工业遗址，而成为深受游客喜爱的绿色珍稀植物基地。

随着全球生态问题的严峻化和紧迫化，英国的建筑技术美学也从理论内核和创作主旨层面逐渐发生了改变。自 20 世纪 80 年代以来，英国建筑技术美学谱系的主流"High-Tech"美学风潮，在生态意识的冲击下，走出了炫耀技术形象、彰显技术力量、表现技术成果的美学界域，而向生态化的技术美学方向偏移，经历了"适宜技术"、"技术可持续"、"环境可持续"三个主要时期，形成了一个既充满迂回、曲折，又总体向前的生态化技术美学发展路径。在此过程中"High-Tech"技术美学也逐渐演化成"Bio-Tech"技术美学，英国建筑技术美学的谱系发展也在这一趋势下超越了原有的技术美学特征，实现了生态化转向。

5.2.2 仿效自然之型的依生之美：未来系统

20 世纪 90 年代左右，随着生态理念在英国建筑界的兴起，许多年轻建筑师并不是来自"High-Tech"阵营，却也从不同的角度出发，将主要着力点放置在建筑的生态化效能上，表现出各异的美学追求。然而在具体实践中，各种生态化建筑理念通过"技术"这一物质载体呈现出来，展示出生态化的技术美感。

　　在这一类建筑中，仿效自然之型来创造生态化建筑，是英国建筑技术美学的一个发展态势，其中较具备代表性的建筑作品主要来自"未来系统"[1]（Future Systems）。

　　"未来系统"最初成立于 1979 年，主要成员有简·卡普里茨基（Jan Kaplický）和阿曼达·莱维（Amanda Levete）。该组合在设计之初受到了英国建筑技术美学谱系中的多方面影响。一方面，未来系统的主要成员均在 70 年代参与过福斯特、罗杰斯等人的技术创作，协助完成了蓬皮杜艺术中心的部分工程，因此对建筑技术的审美化创作颇有经验和见地。另一方面，富勒的流线型建筑形体对二人的创作思路产生了十分重要的影响，他们在此基础上向前推进，发展到从自然界生物或构筑物的结构中汲取养分和能量。此外卡普里茨基的父亲——捷克的植物插画家，对各种植物生长结构的研究也增进了卡普里茨基对植物的认知，对其建筑创作从自然获得灵感奠定了早期基础。

　　未来系统，最初根据仿效自然界生物体系结构或有机形状生成建筑形体，表现出建筑对大自然相依赖的美学内容，这种方式被业界称为"Blobitecture"。未来系统认为，在建筑创作中，自然是最朴实和正确的导师，它可以在许多层面成为向导。例如，白蚁巢看似普通，但是它具有自然通风的双重围护，这便可为今日正在探索中的"双层玻璃幕墙"提供参考。而自然界中的结构也极富有学习价值，虽然高科技时代中许多结构类型看似先进，但仍然比不过自然界中结构的优越性能。

　　创作于 1995 年的方舟计划（The Ark）是他们早期创作的案例。由于该方案的基地南面紧贴一片悬崖，占地近一万平方米。为了营造一个生态化、节能的建筑，未来系统首先考虑从自然有机体中汲取原型。于是，蚁穴成为该建筑灵感的来源。在研究了蚁穴自然通风、坚固环状结构的基础上，该建筑的主体体量生成了：一双对称的、具有双层构造的椭圆形屋顶覆盖。椭圆形屋顶覆盖下的建筑共分三层，最上层为覆盖整个建筑的铝合金圆筒屋顶，它带有均匀分布的空洞，主要实现建筑的通风；中间层为建筑的电力和供暖设备层，主要采用了太阳能聚热板，用来吸收太阳能，将之转化为建筑所需能源；最下一层为建筑的空间层，是建筑的主要使用部分。建筑的通风口位于屋顶，且采用可调节的多孔洞方式，在上、中两层的空洞之间可以根据需要来调节对位或错位，这样的设计方式，不仅扩大了建筑的自然方式采光面积，同时还能够尽可能多地吸收太阳能（图 5-19）。

　　方舟计划是通过一幢建筑实现"现今社会对建筑师的要求是建造一座全

1　戴维纪森.大且绿——走向 21 世纪的可持续建筑 [M].林耕，译.天津科技翻译出版公司，2005：34.

图5-19   方舟计划

新的建筑，使它符合对自然的全新态度。它应该是有机的、天然的，并且包含21世纪的能源效率和无污染技术"[1]的内涵。

　　未来系统还仿效自然型建筑的生态功效加以延伸，力求使建筑减少对环境的压力、优化周边环境，实现建筑与环境的相依相生状态。在未来系统系列设计的"Zed"计划中，他们尝试对自然界中普遍存在的"风洞效应"进行实验，通过气流生成建筑形体，减少高层建筑的风阻、提高建筑室内换气频次，而且在风洞口设置涡轮发电机，让风通过发电机的时候将风能转化成电能，不仅可供建筑本身使用，还可将剩余的电量输入国家电网。这不仅实现了建筑低能耗运营的目标，而且在此向前推进，让建筑以零能耗的状态运营，且为周边环境提供多余的能源，这对城市能源、环境污染、生态建筑运营等课题提出了更有价值的参照（图5-20）。

　　未来系统根据自然界中有机形态和能量运行规律研究，生成生态化的建筑，使其建筑进入了自然的循环体系，在某种程度上成为融合于自然环境中的有机体。而技术在此过程中，不再是建筑表现的主体要素，而是生态理念的物质实施工具，流露出来的对于自然的尊重和崇敬却使之具备了依生之美。

　　以仿效自然之型为手段，以生态化建筑理念为核心，通过当代适宜的技术手段表达依生之美，业已成为当代英国建筑技术美学的新内涵，这在福斯特设计的伦敦市政厅、瑞士再保险大厦中均有类似表现。因此，依生之美已经构成了英国建筑技术美学谱系在生态时代下的新趋向之一，它超越了该谱系传统的美学观念，改变了战胜自然、过分强调人类力量的姿态，走向了与自然环境相依相生的状态。

1 李华东.高技术生态建筑[M].天津：天津大学出版社，2002：35.

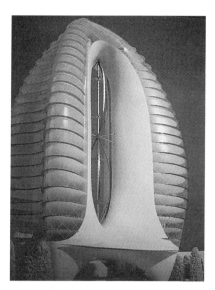

图 5-20　"Zed"计划

5.2.3　"零能耗技术"的共生之美：比尔·邓斯特

21 世纪到来之际，英国的生态技术运用也进入了更加成熟的状态，走向了与自然共同生存、共同发展。建筑师不再刻意追求对高新技术的运用和表达，更切合实际地选取合适的技术模式；在建筑技术的实际运用上，也改变了测算单一环节耗能的方式，是将建筑的全生命周期作为整体关注对象，从选材、选址、设计、施工、运营、拆装、降解等全过程进行通盘考虑。同时，将建筑物放置于整个生态系统中评估建筑对环境带来的影响，并对未来的潜在问题进行预先的评估。这种对建筑全生命周期、人类生态体系共同考虑的做法，赋予了当代英国建筑技术运作更多的共生内涵，英国建筑技术美学也因之具备了更多的共生性美感。

在当代英国建筑技术的生态化运用中，最能体现这一共生之美的主要来自于比尔·邓斯特（Bill Dunster）、肖特·福特（Schott·Ford）、彼得·福格（Peter Fogg）等新一代建筑师。他们将着力点放置于打造"低能耗"的建筑技术上面。在此方面，比尔·邓斯特的作品成绩突出，主要从建筑能耗、材料选取和生活模式三个方面来具体操作。

其一，建筑能耗是英国建筑师所关注的最重要的生态问题，力求通过技术模式的整合式运用，降低建筑的实际耗能量，优化建筑的生态化性能。20 世纪末，英国政府曾提出了"零能耗生活和零能耗设计"（简称 ZED living & ZED design）的倡议，在这一导则指引下，英国建筑界力争零碳

图 5-21   Bed ZED 项目

排放，与此同时实现能源再生，供给社会生活之用。例如，贝丁顿零能耗发展项目（简称 Bed ZED，2002 年）是用技术实现这一目标的代表案例。该项目位于英国萨通（Sutton），是一个大规模的商住集合社区，占地 1.65 平方千米。[1] 如此规模的建筑群体，用传统的方式建造，其建筑耗能是巨大的。但在此建筑中，邓斯特利用了一系列技术方式，成功实现了零耗能运行（图 5-21）。

首先，建筑热能的处理实现了零碳排放。建筑通过紧凑的形体减少总散热面积，建筑的退台减少相互遮挡，以获得最多的太阳热能，并配合采用 300 毫米厚的超级绝热外层，排布在屋面、外墙和楼板处，减少表皮热的损失。

其次，所有的窗都采用充氩气的 3 层玻璃窗。为了减少传统窗中存在的冷桥效应，邓斯特采用了系列的技术手段解决这一问题。例如，他采用本地的经济性木材制作窗，这种木材不仅价格低廉、便于就地取材，而且与以往高技派建筑师常用的金属材质相比，能够大大减少热传导，节约能源。同时，他还严格控制门窗洞口的气密性，对混凝土结构的施工质量也做了精密测算，共同为实现建筑良好保温性能的目的服务，避免能源浪费。

再次，在通风换气方面，建筑尽量采用自然通风系统来降低能耗。最为醒目的是位于建筑外顶端的"风斗"（Wind Cowl），它借鉴了阿若普（Arup）公司的低压机械式自然通风系统，利用风压增强建筑室内的空气循环。而该项目的"风斗"更为进步的是，可以利用废气中的热量来预热室外寒冷的新

1　夏菁，黄作栋. 英国贝丁顿零能耗发展项目 [J]. 世界建筑，2004(08): 77.

图 5-22　地球公园会议中心

鲜空气，如此一来，在热交换过程中可以节省普通住宅 70% 的通风热损失。

　　与此类似，在新近建成的英国唐卡斯特市地球公园会议中心（Conference Centre, The Earth Centre In Doncaster）建筑中，邓斯特采用了相似的技术方式，使维持建筑运营的能源消耗量大大降低。这幢建筑坐落在山谷之中，建筑屋顶运用了植草屋顶的形式，有效降低山谷中风对建筑产生的不良影响，为建筑提供自然的屏障；建筑承重墙是由碎混凝土块再生而成的，中间设置了 0.3 米厚的隔热层，并在墙体最外层使用金属丝固定。这种墙体不仅经济、坚固，而且可以通过混凝土块获得良好的保温作用；会议中心的窗所采用的技术模式也独具节能特色：填充氪气的三层玻璃窗。邓斯特还运用涂有特殊反射涂层的玻璃作为窗子的主要材料。这些玻璃可以吸收太阳能，同时有效降低玻璃的热损失。综合如上多种节能技术，该会议中心获得了良好的节能收效，平均每年能源消耗仅为一座传统会议建筑的三分之一，即 100 千瓦每平方米[1]（图 5-22）。

　　其二，建筑材料的选取是关乎建筑低碳化运作的重要因素。"使用可回收、可重复利用、可再生材料"是邓斯特所坚持的生态技术理念。他将这一理念贯穿到实际设计中，行之有效地降低能源消耗，同时大大减少了建造过程中的建筑垃圾，并实现建筑垃圾的最大效率回收与利用。因此，邓斯特的某些建筑甚至被媒体称为"垃圾建成的建筑"[2]（图 5-23）。

　　其三，由建筑技术引导合理的生活方式，是新世纪以来生态化建筑所关

1　夏菁，黄作栋. 英国贝丁顿零能耗发展项目 [J]. 世界建筑，2004(08): 78.

2　夏菁，黄作栋. 英国唐卡斯特市地球公园会议中心 [J]. 世界建筑，2004(08): 80.

图 5-23　回收材料建成的墙体

注的新问题。如何既节约能源，又能合乎实际地调动人们从生活方式角度予以配合节能，是邓斯特在建筑技术运作中特别考虑的问题，也是他与同期其他建筑师相比的成功所在。

　　邓斯特设计的贝丁顿住宅项目的生态优势，在于综合了对使用者行为因素的考量，进而成功地实现了生态化的目标。例如，该小区结合人们的生活需求和习惯，开发了一种私车"合营"的出行模式，即根据居民的出行时间，几户居民自由组合，共用一辆汽车。这种出行模式不仅降低了人居能源消耗率，而且尝试从生活习惯上降低碳排放量，迎合了英国近几年来提倡的"碳足迹"监测计划。此外，在这一模式中，建筑师利用小区内部 777 平方米的太阳能光电板转化电能，将其作为大多数汽车的动力来源，其峰值电量可达 109 千瓦，最多能供 40 辆汽车使用。在各种技术模式的综合作用下，贝丁顿项目在实际运营中，相比英国社会住宅平均能耗，节约了采暖能耗的88%，热水能耗的 57%，电力需求的 25%，用水的 50% 和普通汽车行驶里程的 65%。

　　诸如此类零能耗建筑，在近年来的英国不断涌现，例如日常农场（Commenwork）、北安普顿的巴克莱卡总部大楼等等。它们都是综合运用了高新科技和传统技术，致力于建筑的远期节能效应，并对建筑周围环境、城市乃至更大范围内的生态环境予以考虑，将降低能耗、减少对现今社会和未来世代的能源压力视为技术应用的主要目的，让建筑技术美学具备了谋求与未来共生的新内涵。

5.3　本章小结

　　20 世纪 80 年代，人类社会步入了生态时代，新时代的科技成就、文化思潮为英国建筑技术美学带来了新的契机。英国建筑技术美学作为一个受到技术、时代影响的美学体系，从美学主旨、美学精神、体系内涵、外显形态都发生了改变，英国建筑技术美学的谱系也因此自内而外地焕发出新的面貌，呈现出生态化的美学趋向，走向更广阔的天地。

　　而与此同时，英国建筑技术美学的谱系又面临着新的挑战和机遇。一方面，科技成果和文化思维的全球一体化，使英国建筑技术美学谱系继 20 世纪初现代主义建筑蔓延发展之后，再度出现了均质化和特征消失的危机；另一方面，由于该体系的美学精神、技术观念、运作模式等理念性内容在多位

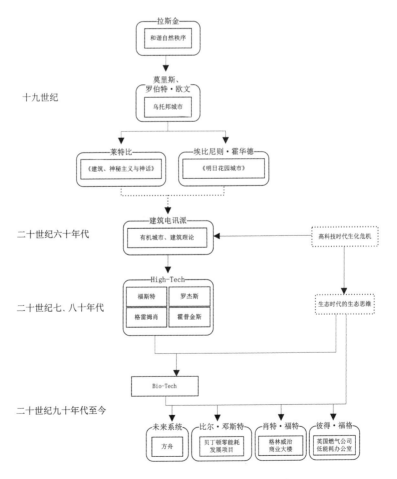

图 5-24　英国建筑技术美学新趋向时期的子谱系图

英国建筑师的努力下得以延伸，该体系的精神内核稳定不变，故而英国建筑技术美学的特征目前看来依然清晰，并借助生态化、数字化的趋向获得了更多新的路径和可能。因此，如何在保守该体系自身的美学特征、传统美学精神的同时，顺应时代的发展，是英国建筑技术美学谱系在今天甚至是整个演变过程始终面临的任务和挑战，这也正是该谱系不断拓展、演变的动力之所在（图5-24）。

图片来源

第1章

图 1-1：Wikimedia C. Francis Bacon[EB/OL] . (2016) [2016-7-16].
http://www.wikiwand.com/nl/Francis_Bacon_ (wetenschapper,_1561)

图 1-2：William Marshall. Of the advancement and proficience of learning[EB/OL]. (1868)[2016-7-16].
http://www.britishmuseum.org/research/ collection_online/collection_object_details. aspx?objectId=3136627&partId=1

图 1-3：Wikimedia C. Drawing of Robert Boyle's air pump [EB/OL]. (1660) [2016-7-16].
https://en.wikipedia.org/wiki/Robert_Boyle

图 1-4：Wenceslaus Hollar. Frontispiece to 'The History of the Royal-Society of London'[EB/OL] . (1702) [2013-6-4].
https://en.wikipedia.org/wiki/File:Frontispiece_ to_%27The_History_of_the_Royal-Society_ of_London%27.jpg

图 1-5：Samuel van Hoogstraten.Hoogstraten's peepshow[EB/OL].(1656) [2016-7-16].
http://www.theartkey.com/index.php? page=news_id&id=248&rlang=en&lang=ch

图 1-6：Decan. Façade of the Sheldonian Theatre. [EB/OL].(2013) [2016-8-10].
https://commons.wikimedia.org/wiki/ File:Sheldonian_Theatre_-_facade.jpg

图 1-7：Minji Xu.Sheldonian Theatre[EB/OL]. (2012) [2016-7-16].
https://citykeyideas.wordpress.com/2012/ 03/14/sheldonian-theatre-oxford-united- kingdom/

图 1-8：笔者自绘

图 1-9：Historic England. Interior of the Wren library, Trinity College. [EB/OL]. (2016) [2016-7-16].
https://historicengland.org.uk/about/jobs/ vacancies/

图 1-10：British History Online. Trinity College Library [EB/OL]. (1959) [2016-7-16].
http://www.british-history.ac.uk/rchme/cambs/ pp209-244

图 1-11：Wikimedia C. Cotton mill in the 1830s. [EB/ OL]. (1834) [2016-7-16].
https://en.wikipedia.org/wiki/Factory_Acts

图 1-12：The British Library Board. The Official Illustrated Guide to the Great Western Railway[EB/OL]. (1860) [2016-7-16].
http://www.bl.uk/learning/images/victorian/ greatwestern/large102536.html

图 1-13：Thomas Hemy.THE RAILWAY BRIDGE[EB/OL]. (2016) [2016-7-16].
http://www.searlecanada.org/sunderland/ sunderland002.html

图 1-14 ~ 图 1-15：笔者拍摄

图 1-16：Ben B. English: Paddington Station, with holiday crowds.[EB/OL]. (2010-12-5)[2011-1-1].
http://en.wikipedia.org/wiki/London_ Paddington_station.

图 1-17：Wikimedia C. Paddington Station in Victorian Times [EB/OL]. (2009) [2016-7-16].
https://en.wikipedia.org/wiki/London_ Paddington_station

图 1-18：Rita Greer. Robert Hooke Engineer[EB/OL]. (2008) [2016-7-16].
https://en.wikipedia.org/wiki/List_of_new_ memorials_to_Robert_Hooke_2005_-_2009

图 1-19：Engraver James Scott. Conference of Engineers at the Menai Straits Preparatory to Floating one of the Tubes of the Britannia Bridge [EB/OL]. (1867)[2011-1-1].
http://www.photographers-resource.co.uk/A_ heritage/Bridges/LG/britannia_bridge.htm

图 1-20：Wikimedia C. Britannia Bridge [EB/OL]. (1852)

[2016-8-1].
http://www.photographers-resource.co.uk/A_
heritage/Bridges/LG/britannia_bridge.htm.

图 1-21：Yale Center for British Art. THE GRAND TOUR.
[EB/OL]. (1997)[2011-1-1].
http://www.amdigital.co.uk/m-products/product/
the-grand-tour/

图 1-22：Leon Frankel. Drafting Room with students[EB/
OL]. (2012)[2016-8-1].
http://kdl.kyvl.org/catalog/xt7sf7664q
86_2494_1

图 1-23：https://www.pinterest.com/al13ex_reborn/
england-1850-1859-men/

图 1-24：笔者拍摄

图 1-25：Ardfern. Kings College Chapel [EB/OL]. (2010)
[2016-7-11].
https://simple.wikipedia.org/wiki/King%27s_
College_Chapel,_Cambridge

图 1-26：Chiswick Chap. Strawberry Hill House in 2012
after restoration [EB/OL]. (2012)[2016-7-11].
https://en.wikipedia.org/wiki/Strawberry_Hill_
House

图 1-27：Julian Osle. Dulwich Picture Gallery (2007)
[2012-12-12].
https://en.wikipedia.org/wiki/Dulwich_Picture_
Gallery#/media/File:Dulwich_Picture_Gallery.
jpg

图 1-28：Wikimedia Commons. Bank of England [EB/
OL]. (2006)[2012-12-12].
http://en.wikipedia.org/wiki/File:Bank_of_
England_-_Soane%27s_south_facade_
edited. jpg

图 1-29：Wikimedia C. Aerial cutaway view of Soane's
Bank of England by JM Gandy 1830 [EB/OL].
(2006)[2012-12-12].
http://en.wikipedia.org/wiki/File:Aerial_
cutaway_view_of_Soane%27s_Bank_of_
England_by_JM_Gandy_1830. jpg

图 1-30：笔者自绘

第 2 章

图 2-1：笔者拍摄

图 2-2：[美] 肯尼思·弗兰姆普敦. 建构文化研究——论 19
世纪和 20 世纪建筑中的建造诗学 [M]. 王骏阳，译.
北京：中国建筑工业出版社，2012(2): 41

图 2-3：Peter D. Pugin Pointed the Way [J]. Architeure
Review.1986(5): 21.

图 2-4：笔者拍摄

图 2-5：Ken Kirkwood . The central element in the scheme
[EB/OL]. (2000)

[2016-7-19]. http://www.rsh-p.com/projects/
inmos-microprocessor-factory/

图 2-6：笔者自绘

图 2-7：Kelmscott P. The Nature of Gothic by John Ruskin
[EB/OL]. (2006)
[2013-1-10].http://en.wikipedia.org/wiki/The_
Stones_of_Venice_(book)

图 2-8：克鲁夫特 H. 建筑理论史 - 从维特鲁威到现在 [M].
王贵祥，译. 北京：中国建筑工业出版社，2005:
104.

图 2-9：笔者自绘

图 2-10：笔者拍摄

图 2-11：笔者自绘

图 2-12：George P. Landow. Church of St. Augustine's
Queen's Gate[EB/OL]. (2013)[2016-7-19].
http://www.victorianweb.org/art/architecture/
butterfield/16.html

图 2-13：笔者自绘

图 2-14：Dickinson Brothers. The Great Exhibition 1851
[EB/OL]. (1854)[2013-7-13].
https://en.wikipedia.org/wiki/Owen_Jones_
(architect)

图 2-15：Intriguing History. Building the Crystal Palace
[EB/OL]. (2015)[2016-7-20].
http://www.intriguing-history.com/the-crystal-
palace/

图 2-16：Beaver L. The Crystal Palace [M]. London:
Routledge, 1970: 73.

图 2-17：Fay C R. Palace of Industry [M]. Cambridge:
Cambridge Ltd., 1851: 51.

图 2-18：The charnel house.Color sketch of the interior
of the Crystal Palace at Hyde Park (1851) [EB/
OL].(2013)[2016-7-20].
https://thecharnelhouse.org/2013/05/15/
paxtons-crystal-palace-at-hyde-park-1851/
victorians109-tl/

图 2-19 ~ 图 2-21：笔者拍摄

图 2-22：Wikimedia C. Oriel Chambers [EB/OL].(2008)
[2016-7-20].
https://en.wikipedia.org/wiki/Oriel_Chambers

图 2-23：笔者拍摄

图 2-24：Josh von Staudach. Panoramic view of the
Forth Bridge undergoing maintenance work in
2007 [EB/OL]. (2007)[2016-7-20].
https://en.wikipedia.org/wiki/Forth_Bridge

图 2-25：笔者自绘

图 2-26：Harry R C. The University of Texas at Austin.
William Morris [EB/OL]. (2008)[2012-12-26].
http: //www. hrc. utexas. edu/exhibitions/web/
morris/

图 2-27：William Morris. Kelmscott Manor News from Nowhere [EB/OL]. (1892) [2016-3-26]https://en.wikipedia.org/wiki/News_from_Nowhere

图 2-28：Haslam and Whiteway.Images for Pair of rush seated arm chairs from the Sussex Range c 1880[EB/OL]. (2001)[2016-7-26] http://www.haslamandwhiteway.com/pictureframe.php?id=377&position=1

图 2-29：笔者自绘

图 2-30：Ethan Doyle White . Philip Webb's Red House in Upton [EB/OL]. (2014) [2016-5-2]https://en.wikipedia.org/wiki/Red_House,_London

图 2-31：Victorian Web Home. Voysey's house and studio [EB/OL]. (2013)[2016-7-26] http://www.victorianweb.org/art/architecture/voysey/5.html

图 2-32：Oosoom.122-124 Colmore Row [EB/OL]. (2007)[2012-11-26] https://en.wikipedia.org/wiki/122-124_Colmore_Row

图 2-33：Walker Art Gallery. Poster for the School of Architecture and Applied Art [EB/OL].(2007) [2013-1-5]. http://www.liverpoolmuseums.org.uk/walker/exhibitions/doves/artsheds/poster_anning_bell. aspx

图 2-34：笔者自绘

第 3 章

图 3-1：[美] 肯尼思·弗兰姆普敦 . 建构文化研究——论 19 世纪和 20 世纪建筑中的建造诗学 [M]. 王骏阳，译 . 北京：中国建筑工业出版社，2012(2): 73

图 3-2：Eduard Gaertner . Bauakademie Schinkel [EB/OL]. (1867)[2016-8-10]. https://en.wikipedia.org/wiki/Bauakademie

图 3-3 ～图 3-4：笔者自绘

图 3-5：Alchetron. Adam Gottlieb Hermann Muthesius. [EB/OL]. (2016)[2016-7-19]. http://alchetron.com/Hermann-Muthesius-1206243-W

图 3-6：Kunstgewerbe und Architektur. A mansion by Hermann Muthesius [EB/OL] (1982)[2012-11-28].http://www.hermann-muthesius.de/index_eng.htm

图 3-7：Werkbundarchiv Museum. Battle of Things [EB/OL]. (2008)[2016-7-19]. http://www.museumderdinge.org/exhibitions/battle-things

图 3-8：笔者拍摄

图 3-9：Alex Garkavenko. Cathedral (Kathedrale) [EB/OL]. (2014)[2016-7-19]. http://architizer.com/blog/lyonel-feininger/

图 3-10：Yatzer. Advertising workshop, Bauhaus Dessau, [EB/OL]. (2015) [2013-1-10] https://www.yatzer.com/bauhaus-vitra-design-museum

图 3-11：Christos V. Olivetti-schawinsky-bauhaus-typewriter [EB/OL]. (2011)[2013-1-10]. http://en.wikipedia.org/wiki/File:Olivetti-schawinsky-bauhaus-typewriter. jpg

图 3-12：Alle Rechte vorbehalten.Composition 8. [EB/OL]. (2011) [2016-7-18]. http://www.bauhaus-movement.com/designer/wassily-kandinsky.html

图 3-13：笔者拍摄

图 3-14：笔者自绘

图 3-15：Daderot.East facade of the North Easton[EB/OL]. (2007) [2016-7-18]. https://en.wikipedia.org/wiki/Old_Colony_Railroad_Station_(North_Easton,_Massachusetts)

图 3-16：笔者拍摄

图 3-17：Michael R. La Miniatura [EB/OL]. (1994)[2012-12-13]. http://www.greatbuildings.com/buildings/Mrs._G._M._Millard_House. html

图 3-18：笔者自绘

图 3-19：Leo Thomas Naegele. Otto Wagner's Postal Savings Bank[EB/OL]. (2012) [2016-7-18]. http://leonaegele.blogspot.com/2012/12/vienna-au.html

图 3-20：Howard Davis. Post Office Savings Bank [EB/OL]. (1994)[2013-06-30]. http://www.greatbuildings.com/cgi-bin/gbi.cgi/Post_Office_Savings_Bank.html/cid_2175553.html

图 3-21：[美] 肯尼斯·弗兰姆普敦 . 现代建筑：一部批判的历史 [M]. 张钦楠，等译 . 北京：生活·读书·新知三联书店，2004: 93

图 3-22：Galinsky. The Villa Muller [EB/OL]. (2006) [2016-06-30]. http://www.archdaily.cn/cn?ad_name=home_cn_redirect&ad_medium=popup

图 3-23：笔者自绘

图 3-24：http://blog.livedoor.jp/yorikawadoor/archives/2523857.html

图 3-25：Yorikawadoor. Josiah Conder[EB/OL]. (2015) [2016-06-30].

http://www.japantimes.co.jp/news/2012/ 10/23/ reference/tokyo-stations-marunouchi-side- restored-to-1914-glory/

图3-26：Wakiiii. Bank of Japan Osaka branch: Kingo Tatsuno[EB/OL]. (2010)[2016-06-30]. https://www.flickr.com/photos/76223770@ N00/6883128465

图3-27：笔者自绘

图3-28：笔者自绘

图3-29：Michael O'Donnabhain. Colchester Town Hall [EB/OL]. (2015)[2016-06-30]. http://walkingthechesters.blogspot. com/2015/03/colchester-clapboarding-creek- crossing.html

图3-30：Wikimedia C. Rashtrapati Bhavan [EB/OL]. (2005)[2012-12-13]. http: //en. wikipedia. org/wiki/File: Rashtrapati_ Bhavan_(Dehli). jpg

图3-31：笔者拍摄

图3-32：Tony Hisgett. Liverpool Cathedral in 2012 [EB/ OL]. (2012)[2016-06-30]. https://en.wikipedia.org/wiki/Giles_Gilbert_ Scott

图3-33：H A N Brockman. The British Architect in Industry 1841-1940[M]. London: George Allen & Unwin LTD, 1974: 143

图3-34：Frank H. An Introduction to English Architecture [M]. London: Evans Brothe: 188,190.

图3-35：笔者自绘

第4章

图 4-1：Metalocus. Wolf House in 1926. [EB/OL]. (2007) [2016-7-19]. http://www.metalocus.es/en/news/debate- around-mies-van-der-rohes-wolf-house

图4-2：笔者拍摄

图4-3 ~图 4-6：笔者拍摄

图4-7：笔者自绘

图4-8：Nathan Umstead. Richards Medical Center. [EB/ OL]. (2007)[2016-7-19]. https://www.flickr.com/photos/numstead/ 457306735

图4-9：笔者拍摄

图4-10：University of Pennsylvania School of Design. Kimbell Art Museum [EB/OL]. (2016)[2016-7- 19]. https://www.design.upenn.edu/louis-i-kahn/ kimbell-art-museum

图4-11：Philipp Hienstorfer. Biosphere montreal. [EB/ OL]. (2007)[2016-7-19].

https://en.wikipedia.org/wiki/Expo_67

图4-12：笔者拍摄

图4-13：Starysatyr. Dynamixion car by Buckminster Fuller 1933. [EB/OL]. (2014)[2016-7-19]. https://en.wikipedia.org/wiki/Dymaxion_car

图4-14：笔者自绘

图4-15：A&P Smithson. Without Rhetoric-An Architectural Aesthetic 1955-1972, Latimer New Dimensions, London: The MIT Press. 1973: 83

图4-16：Anne S O. Economist building London [EB/ OL]. (2010) [2012-11-12]. http://en.wikipedia.org/wiki/File:Economist_ building_London1.jpg

图4-17：笔者拍摄

图4-18：笔者自绘

图4-19 ~图 4-22：笔者拍摄

图4-23：笔者自绘

图4-24：Stanley M. The Fun Palace: Cedric Price's experiment in architecture and technology[J]. Technoetic Art: A Journal of Speculative Research. 2005(3): 79.

图4-25：Stanley M. From Agit-Prop to Free Space: The Architecture of Cedric Price [M]. London: Black Dog. 2007: 144.

图4-26：笔者自绘

图4-27：Augusin. Archigram . [EB/OL]. (2015) [2016- 7-12]. http://indexgrafik.fr/archigram/

图4-28：FRAC Centre. Living Pod.[EB/OL]. (2016) [2016-8-9]. http://www.frac-centre.fr/collection-art- architecture/greene-david/living-pod-64. html?authID=81&ensembleID=185

图4-29：Peter C. Archigram-Edition Archibook[M]. London: Studio Vista,Ⅵ,3.

图4-30：笔者自绘

图4-31 ~图 4-35：笔者拍摄

图4-36：笔者自绘

图4-37：N Corrie .Willis Corroon Building.[EB/OL]. (1994) [2016-8-9]. http://www.gettyimages.com/license/ 464412421

图4-38：Wpcpey.HK HSBC Main Building 2008.[EB/ OL]. (2008) [2016-6-1]. https://en.wikipedia.org/wiki/HSBC_Building_ (Hong_Kong)

图4-39：Wong Wai Ho. Structure of Bank of China. .[EB/OL]. (2014) [2016-7-31]. https://prezi.com/kjsgte9vbize/oversea/

图4-40：笔者自绘

图 4-41：Grimshaw Partners. Oxford Ice Rink [EB/OL].
(2010)[2012-10-31].
http: //grimshaw-architects. com/project/
oxford-ice-rink/.

图 4-42：Grimshaw Partners. Oxford Ice Rink [EB/OL].
(2010)[2012-10-31].
http: //grimshaw-architects. com/project/
oxford-ice-rink/.

图 4-43：笔者拍摄

图 4-44：Grimshaw Partners. Oxford Ice Rink [EB/OL].
(2010)[2012-10-31].
http: //grimshaw-architects. com/project/
oxford-ice-rink/.

图 4-45：笔者自绘

第 5 章

图 5-1：[挪]克里斯蒂安·诺伯格-舒尔茨著，李路柯，欧
阳恬之译，王贵祥校. 西方建筑的意义. 北京：中国
建筑工业出版社：2005: 174.

图 5-2 ~图 5-5：笔者拍摄

图 5-6：Wikipedia. Numerical control[EB/OL]. (2010-
10-19)[2011-10-31]
http://en.wikipedia. org/wiki/Numerical_control.

图 5-7 ~图 5-8：笔者拍摄

图 5-9：笔者自绘

图 5-10：笔者拍摄

图 5-11：笔者自绘

图 5-12：Katsuhisa Kida. The Welsh Assembly is brought
together under a democratic roof [EB/OL].
[2016-8-31]
http://www.rsh-p.com/assets/
lib/2015/05/12/4000_N32.jpg

图 5-13 ~图 5-14：笔者拍摄

图 5-15：Andrew Holt. Wind cowl and glazed lantern
[EB/OL].[2016-8-31]
http://www.rsh-p.com/assets/
lib/2014/12/08/4000_0033_2.jpg

图 5-16 ~图 5-17：笔者自绘

图 5-18：笔者拍摄

图 5-19：Despoke. Remembering Jan kaplický -
architect of the future Earth Center[EB/OL].
(2009-10-6)[2016-9-1]
http://www.despoke.com/2009/10/06/
remembering-jan-kaplicky-architect-of-the-
future-through-to-november-1st/

图 5-20：戴维·纪森. 大且绿——走向 21 世纪的可持续
建筑 [M]. 林耕，译. 天津科技翻译出版公司,
2005: 34.

图 5-21：Tom Chance. BedZED eco-village [EB/OL].
(2007-3-7)[2016-9-1]
https://commons.wikimedia.org/wiki/
File:BedZED_2007.jpg

图 5-22：比尔·邓斯特，克雷格·西蒙斯，鲍比·吉尔伯特,
陈硕. 建筑零能耗技术——针对日益缩小世界的解
决方案 [M]. 大连：大连理工大学出版社，2009: 57,
79,34.

图 5-23：[英]布赖恩·爱德华兹. 可持续性建筑（第二版）[M].
周玉鹏，宋晔皓，译. 北京：中国建筑工业出版社，
2003: 78.

图 5-24：笔者自绘

结 语

英国建筑技术美学最早发源于 17、18 世纪的英国本土，于 20 世纪派
生到欧美大陆乃至亚洲，枝脉繁多、开花结果，对他国现代建筑的产生起到
了不同程度甚至是至关重要的启发和影响，成为轰轰烈烈席卷世界的现代主
义建筑的主要源头之一。在这一过程中，英国建筑技术美学带有鲜明的谱系
特征，并在接下来的发展中，迎合时代的特征调整自身，使该谱系得以延续，
成为历时二百余年，带有鲜明英国传统与现代特征的美学类型，在世界建筑
领域中始终占据重要一席。

通过全书的叙述与分析，我们可以看到，英国建筑技术美学谱系是一个
以实用理性精神为核心；以民族性为内质属性，以现代性为外显表征，以技
术发展和传统与新统的博弈为双轮驱动的美学体系。

（1）实用理性的精神内核

英国建筑技术美学早在 17 世纪便具备了思想萌芽，在这漫长的岁月里，
该美学体系经历了多个时代的更迭变幻，却依然保持着自我鲜明的特征，其
根源在于理性精神的伏线贯穿。理性精神作为英国建筑技术美学的核心，一
直潜隐在技术美学的表象之下，作为一个强劲却又无形的力量统摄着英国建
筑技术美学的发展，也正是它的存在，使英国建筑技术美学在各种历史因素
的冲击下，依然保有勃勃生机，并以谱系的方式壮大、发展和演化。

（2）民族性与现代性的双重性格

英国建筑技术美学谱系的演变过程，事实上也是英国建筑现代性的生成、
高潮、弱化、变迁的过程，这期间交织着英国建筑民族性的兴起、衰落和复兴。

英国建筑技术美学谱系的发展与演变，始终伴随着民族性和现代性的
动态交织。该美学谱系的现代性不仅最初来自于民族性的滋养，而且在发展

过程中始终与民族性保持着动态关联的状态。且当二者处于持衡状态作用于英国建筑技术美学谱系时，该谱系出现了两次历史发展高潮（19世纪和20世纪后半期），而当一方完全压制另一方出现非均衡状态时，该谱系则出现了非健康的发展态势（20世纪初期）。因此，英国建筑技术美学谱系是以实用性的理性精神为核心；以民族性为内质属性，以现代性为外显表征的美学体系。民族性与现代性的均衡、动态交织构成了该谱系健康演变的积极动力，这也是英国建筑技术美学谱系具备双重性格：既带有鲜明的地域、民族色彩，同时又表现出明确的现代特征的根本原因。

（3）传统与新统的博弈动力

在英国建筑技术美学谱系的演进过程中，充满了传统与新统的斗争与更替，它们不仅构成了该谱系中一直存在的一对博弈力量，成为其演变过程的基本旋律，同时它们的彼此斗争和妥协也是该谱系发展、演变的主要动力。

英国建筑技术美学谱系的发展和演进过程中，主要出现了三对传统与新统的博弈力量。第一对典型的博弈力量发生在18、19世纪。以历史主义风格为代表的建筑及其美学作为传统力量，而日渐崭露头角的技术美学萌芽作为一种新事物，向历史主义风格发起了挑战，并在19世纪中后期兴起了"技术美"挑战"风格美"的社会性活动。第二对博弈力量是20世纪五六十年代，代表英国民族化语言的技术美学与普适化建筑语言的现代主义建筑美学之间的博弈。第三对博弈力量出现在20世纪末至今天的时间内，主要体现为以"High-Tech"为代表的高科技时代技术美学和生态时代的技术美学之间的博弈。

在英国建筑技术美学谱系的发展和演进过程中，传统与新统作为两种文化力量，构成了该谱系发展的双重语言和双重动力。